Édition
Nicole GAUTHIER

Couverture
Illustration de l'artiste peintre **Maurice ASSIER**, Sainte-Foy

Les éditions Le Griffon d'argile
3022, chemin Sainte-Foy, Sainte-Foy (Québec)
G1X 3V6 (418) 653-6101
Télex: 051-3786 QBC

Analyse critique du concept de Nature
ISBN 2-920210-96-3

DÉPÔT LÉGAL
Bibliothèque nationale du Canada
Bibliothèque nationale du Québec
1er trimestre 1988

IMPRIMÉ AU CANADA ©

ANALYSE CRITIQUE *du concept de* **Nature**

RENÉ PELLERIN
professeur
Collège Laflèche
Trois-Rivières

les éditions
Le Griffon d'argile

TABLE DES SUJETS

INTRODUCTION

Il convient, au départ d'une entreprise quelconque que l'on tient à réussir, de se demander pourquoi on l'entreprend. Il convient, en d'autres termes, de la *justifier* pour éviter d'avoir devant elle l'attitude désinvolte qui nous y ferait renoncer aux premiers obstacles. Or, devant l'entreprise de l'analyse philosophique de l'homme dans son milieu, il y a des justifications réelles mais superficielles et peu convaincantes eu égard à d'autres plus pressantes qui mettent en jeu des valeurs et des idéaux très importants, au moins dans l'histoire de la pensée humaine. Il faut donc distinguer les justifications pertinentes et celles qui le sont moins ou pas du tout.

Comment reconnaît-on une justification pertinente? Elle semble parfois définie très subjectivement à partir du *degré de conviction* ou de goût de celui qui trouve *personnellement* pertinentes telles ou telles raisons de faire ou de ne pas faire quelque chose. Cette pertinence est relativement peu solide parce qu'elle disparaît d'elle-même dès que le goût disparaît, justement parce que, au lieu de soutenir le goût, elle en dépendait. Ainsi, ce qui semble avoir été déterminant dans *nos* décisions est parfois quelque chose qui n'est pas déterminant, ou qui l'est beaucoup moins, pour la décision de quelqu'un d'*autre*. Il arrive également que des justifications soient littéralement «inventées» après coup comme si elles étaient actives *avant* la décision alors qu'elles n'apparaissent dans notre esprit ou dans notre langage qu'*après* une décision prise pour d'autres motifs obscurs, inconnus ou inavouables.

Une justification pertinente peut aussi être relativement *objective.* Elle est alors pertinente pour plusieurs personnes et ne dépend pas ou très peu du point de vue subjectif de chacun. On peut s'en servir pour stimuler l'adhésion à une conclusion ou à une décision. La pertinence objective n'est pas toujours rationnelle dans la mesure où plusieurs personnes peuvent se laisser convaincre par la même justification, non pas au nom de la rationalité, mais au nom de leurs intérêts communs ou même de leurs préjugés. Ce genre de pertinence est alors relatif à un système de valeurs qu'on désigne souvent sous le terme d'*idéologie*. Il y a donc des justifications idéologiques qui ne sont convaincantes que pour ceux qui partagent ou acceptent l'idéologie à l'intérieur de laquelle se formule la justification et sur laquelle elle se fonde. Si l'on n'arrive pas à les relier à un fondement évident et ultime, absolument irréfutable et, à la fois, impossible à relier à un autre fondement de niveau logique ou sémantique supérieur, alors les justifications fondées sur des bases insuffisamment solides ne seront *pas complètement* rationnelles et dépendront de facteurs injustifiés et «inappropriés».

Il n'est pas possible de justifier jusqu'à ce point ultime et indépassable les décisions que les hommes prennent; en ce sens, *toutes* les décisions humaines dépendent d'autre chose que de la justification consciente et rationnelle. Freud et Nietzsche, parmi d'autres, ont fortement insisté sur la prétention, la vanité et la naïveté des hommes qui estiment que leurs décisions sont facilement appropriables et peuvent ne dépendre que de leur «je» conscient et «libre».

Cependant cette limite ne signifie pas que l'arbitraire et le caprice sont la norme de toutes nos décisions. On peut justifier *jusqu'à un certain point.* Plus on approfondit les justifications en les reliant à d'autres plus radicales, plus on augmente le degré de rationalité et, par voie de conséquence, une certaine forme non négligeable d'appropriation personnelle: nous connaissons les raisons que nous avons et nous acceptons d'agir comme nous le faisons. On peut alors dépasser le défaitisme qui nous fait dire ou penser: «C'est ainsi parce que c'est ainsi!»; «Pourquoi pas ?»; etc.

Le degré de conscience et, en un sens, le degré de liberté, c'est-à-dire notre pouvoir de contrôle, dépendent de cette capacité de savoir pourquoi nous faisons quelque chose, voire même pourquoi nous pensons de telle ou telle manière, pourquoi nous voulons telle ou telle chose etc. Un degré très poussé de connaissance sur ces dimensions de l'existence manifeste la «différenciation» entre l'humain et l'animal, entre le sens de la vie et son absurdité. À la limite, on peut se demander, pour ne pas échouer dans un projet quelconque, si cela vaut la peine de se demander pourquoi on veut l'entreprendre!

C'est ce qu'il convient de faire ici pour montrer comment on peut entreprendre l'analyse de la place de l'homme dans son milieu culturel/naturel avec une motivation suffisamment solide pour résister aux difficultés inhérentes à une telle entreprise. L'intérêt se partage ici en *deux directions*:

- l'objet: la nature ou la culture;
- la méthode: l'analyse philosophique, le questionnement philosophique.

Nous ne justifierons pas l'analyse philosophique pour elle-même mais nous tenterons de montrer qu'elle peut être utile et que ses avantages, une fois apparus, constituent une justification suffisante. Ce que nous voulons montrer, c'est que l'intérêt de la question du rapport nature/culture est réel et qu'on peut le développer.

La production de ce livre est le résultat de décisions d'ordre *politique*. Il s'agit, en effet, d'un cours obligatoire de philosophie à un niveau d'enseignement dont plusieurs aspects relèvent du ministère de l'Éducation du Québec. *L'obligation* pourrait dispenser le professeur et les étudiants de chercher une motivation quelconque qui ne changerait rien à la réalité de l'obligation. Mais il faut bien admettre que le fait d'*accepter* une obligation, même si c'est sans enthousiasme, exige une motivation qui nous renvoit à une décision à prendre directement ou non. Cette décision d'accepter l'obligation est en relation avec la décision de «rendre obligatoire», puisque les raisons qui motivent ici l'État peuvent être partagées par ceux qui acceptent de se plier à cette obligation. Ainsi, par exemple, si un gouvernement juge que la formation dans telle ou telle discipline est indispensable et que ce jugement reçoive l'approbation des citoyens, il pourra obliger certains groupes d'individus à suivre telle ou telle catégorie de cours. Les étudiants, par ailleurs, prennent eux-mêmes la décision de s'engager dans telle ou telle entreprise qui inclut telle ou telle obligation. Ce sont les règles du jeu. Remarquons que ces règles ne sont pas des absolus et peuvent être critiquées ou changées mais à condition que cela soit fait selon d'autres règles de niveaux supérieurs.

> «L'existence et la durée des règles sociales – quelle que soit l'origine que l'homme leur ait attribuée – prouve l'intensité du besoin qu'ont les hommes d'obéir à ces règles. En fait, le besoin de règles et la tendance à y obéir n'ont d'égale que l'ambition de l'homme de se libérer de ces règles [...] cette attitude antithétique est un exemple d'un penchant humain plus général le besoin d'intimité et le besoin simultané de solitude. La meilleure idée que l'on puisse se faire des oscillations entre les attitudes de soumission aux individus et aux règles et les attitudes de rébellion contre ces mêmes individus et ces mêmes règles, c'est d'y voir des explications de ce paradoxe humain fondamental. Une des méthodes les plus utiles dont nous disposons pour résoudre ce dilemne réside dans le pouvoir d'abstraction de l'être humain, pouvoir qui lui permet d'élaborer progressivement des symbolisations d'un niveau de plus en plus élevé. Ces élaborations entraînent à leur tour une diminution du sentiment de compulsion qui s'attache à toute règle comprise explicitement comme règle. Ainsi pour chaque série de règles nous pouvons construire en principe une série de métarègles. Ces dernières sont constituées par les caractéristiques qui régissent la formation des règles du niveau immédiatement inférieur. La conscience explicite des métarègles implique la compréhension de l'origine, de la fonction et de la portée des règles (qui leur sont immédiatement inférieures). L'acquisition d'une telle compréhension est une forme de maîtrise [...] Finalement, l'attitude de métarègles permet d'accroître le champ des choix touchant la question de savoir si l'on doit ou non se conformer aux règles et comment, si l'on doit ou non les changer et comment, et quelles sont les limites et les conséquences de nos décisions en cette matière[1].»

Les raisons qui motivent *les uns* à faire quelque chose ne sont pas toujours celles qui motivent *les autres* à faire pourtant la même chose. On peut s'entendre sur des moyens servant des buts différents. Il n'est pas vraiment utile ici de clarifier tous les méandres de ces motivations et de ces justifications des uns des

---

1. Thomas Szasz, *Le mythe de la maladie mentale*, Paris, Payot, 1974, p. 173.

autres. Il faut pourtant, pour ne pas s'imposer de façon dogmatique[2], tenter de convaincre et de persuader du bien-fondé de l'obligation imposée aux étudiants de réfléchir à la relation de l'homme à son milieu naturel et culturel.

Essayons d'abord de voir les arguments plausibles d'un *État* qui impose, dans la formation à un certain niveau d'études supérieures, des cours de philosophie portant sur la nature et la culture. Premièrement, il y a une *tradition philosophique* liée à ces deux dimensions de la réalité (ou ces deux manières de la classifier) et, en acceptant d'imposer une formation philosophique de base à des étudiants, on s'inscrit assez facilement dans ces problématiques privilégiées depuis l'origine de la philosophie chez les Grecs. Les thèmes de la culture et de la nature s'imposent donc d'eux-mêmes comme objets de la philosophie, surtout si l'on veut s'inscrire dans ce qui est, à la fois, le moins contestable et le plus malléable. Ce sont, en effet, des concepts très généraux qui peuvent donc être explicités par un grand nombre et une grande diversité de voies et de sous-catégories.

La seconde «bonne» raison d'un État pour favoriser et même imposer des cours de philosophie sur la nature et la culture est la *tradition locale*, incluant les professeurs spécialisés dans cette partie de la philosophie et les programmes antérieurs de formation qui l'incluaient comme s'il s'agissait d'un élément de notre originalité culturelle. La force de la tradition joue donc aux deux niveaux de *l'organisation* des programmes de formation et du *contenu* de la réflexion philosophique depuis les origines de la philosophie.

Il faut reconnaître cependant qu'il s'agit là de raisons *extérieures* qui pourraient être, dans d'autres contextes, peu convaincantes. Après tout, ce n'est pas parce que les autres ont adopté telle orientation philosophique depuis longtemps que nous avons une raison *suffisante* de le faire nous aussi, et ce n'est pas parce que cela se fait depuis toujours que cela doit absolument se faire encore. Il y a néanmoins d'autres raisons beaucoup plus solides et plus radicales.

---

2. Cette tentative à la limite échoue toujours, ne serait-ce que parce qu'il faudra imposer la logique, un langage, une «honnêteté»» intellectuelle, etc. L'effort cependant limite d'autant la violence consciente et volontaire si on tente de convaincre par la raison, plutôt que d'imposer par la force, bureaucratique ou autre.

Le problème de la nature et de la culture est reconnu comme *problème prioritaire* par de nombreux hommes de science dont la crédibilité n'est pas contestable. Il n'est pas nécessairement formulé en ces termes et avec ces concepts mais il s'agit de quelque chose qui a un rapport avec ces concepts. Les physiciens reconnaissent et prétendent que la matière et l'énergie constituent l'essentiel de la réalité dite naturelle. Certains vont même jusqu'à défendre l'idée que la culture est le résultat de la modification de l'ordre matière/énergie par un autre élément de matière et d'énergie: l'homme. Le rapport entre la technique et l'ordre naturel, le rapport entre la science qui tente de *comprendre* la réalité et la technologie issue de la science qui cherche à *transformer* la réalité (pour le meilleur et pour le pire) sont aussi des rapports entre la nature et la culture, des rapports entre la matière et l'esprit humain. Les scientifiques qui découvrent l'influence de certains produits naturels sur le comportement culturel des hommes, l'influence de certains médicaments sur les émotions et par voie de conséquence, sur certaines «idées», pensent aussi que le rapport entre la nature et la culture est un problème essentiel.

Certains pensent que la nature est notre *amie*, qu'elle est notre substance, organisée dans une infinie diversité dont nous sommes une composante et que cela justifie qu'on veuille comprendre ce qu'est la nature. D'autres, au contraire, pensent que la nature est notre *esclave* et même notre *ennemie* qu'il nous faut dominer. Les virus, les catastrophes naturelles, les imprévus du climat constituent autant de défis à relever. La nature se présente alors comme l'adversaire ambivalent, travaillant parfois pour nous, parfois contre nous, qu'il faut amadouer, vaincre ou dominer directement ou en l'utilisant contre elle-même. Les risques socio-politiques et économiques encourus à cause d'une confiance naïve et aveugle en la nature sont aussi grands que ceux entraînés par l'interventionnisme technologique qui ne tient pas compte des lois élémentaires de la nature et de l'équilibre écologique.

Si l'on se satisfait de l'*argument d'autorité*, il n'est pas nécessaire de chercher d'autres raisons, mais on admettra que la motivation risque fort alors de disparaître et avec elle, la qualité de la démarche. S'il s'avérait nécessaire de justifier plus objectivement le projet d'une analyse philosophique ou tout au moins d'en montrer l'enjeu, de manière à donner un sens aux efforts de compréhension et d'analyse de ces réalités complexes que sont la nature et la culture, il faudrait miser sur une motivation déjà présente et se greffer en quelque sorte sur elle. Or, il existe une telle motivation et c'est l'*amour de soi.* Nous voulons *par instinct* notre propre survie; nous voulons *par éducation* et imitation un certain mode de vie jugé meilleur, et nous le voulons *pour nous* d'abord. À la limite, tout ce que nous voulons, nous le voulons en un sens pour nous-mêmes, parfois en passant par les autres, parfois directement, parfois en incluant les autres, parfois en les excluant de façon plus ou moins définitive.

Le postulat narcissique qu'il convient de poser est le suivant: nous ne pouvons nous intéresser *finalement* qu'à nous-mêmes. Alors en quoi la nature et la culture peuvent-elles nous intéresser? Pour la bonne raison qu'elles nous concernent, nous affectent, nous construisent ou nous détruisent, nous définissent au plus profond de notre pseudo-originalité substantielle.

La nature et la culture peuvent devenir l'objet d'une analyse philosophique, dans leur inconsistance et leur imprécision en tant que *concepts*, dans leur omniprésence en tant que *réalité*, omniprésence telle qu'on peut se demander à quoi réfèrent au juste ces mots et les concepts qui s'y formulent. Si la nature est vraiment ce que l'on prétend désigner par ce mot dans le langage populaire, alors ce qui est en jeu, c'est la liberté et la dignité humaine. Par contre, s'il y a une autre réalité indépendante de la nature, produite par l'homme dans sa dimension «non-naturelle», alors l'enjeu est la compréhension de ce concept de «non-naturel» qui ne serait rien d'autre finalement que l'homme *lui-même*, au delà de son animalité et de son conditionnement culturel. Y a-t-il quelque chose que l'on puisse localiser ou repérer dans la réalité et qui soit cet «homme lui-même»? C'est ce qu'il faudra savoir, il y va de ce que nous sommes nous-mêmes et de ce que nous prétendons être.

Nous sommes influencés par la nature, nous en avons besoin, nous sommes définis, comme vivant, par elle. Nous sommes dedans la nature, comme si elle était un *contenant.* La nature est la force productrice de tout ce que nous nommons «naturel». La nature est source d'*authenticité*, de produits valorisés au détriment même de l'intelligence et de l'habileté humaines toujours en échec devant le «vrai» et authentique, fait par la nature. Ces définitions tirées des formulations quotidiennes posent d'importants problèmes sémantiques et philosophiques. Comment la nature peut-elle «contenir»? Comment peut-elle, comme réalité *distincte*, causer quelque chose à partir d'elle-même seule? Comment peut-on valoriser la nature au détriment de l'homme alors que l'homme est le résultat d'une évolution de la nature? Cette valorisation est-elle d'ailleurs justifiée ou est-elle le signe d'une misanthropie? Nombreux sont ceux qui apprécient plus l'intelligence de la nature que celle de l'homme sans s'apercevoir de l'irrationalité qui marque tout autant le naturel que le culturel.

Il faudrait poser le même genre de question à propos de la seconde catégorie: *la culture.* La culture est l'objet de recherche en sociologie et en anthropologie et a reçu de nombreuses définitions. On peut, sans grand risque de se tromper, dire que la culture est l'ensemble de ce qui est produit par les hommes: objets, institutions, organisations, etc. et qui n'existerait pas sans les hommes. Cet ensemble permet à l'homme, pense-t-on, de *se distinguer des animaux.* On désigne aussi, sous le nom de culture, l'ensemble des *connaissances* et des intérêts des hommes pour les produits utilitaires, intellectuels ou artistiques les plus durables de leurs semblables. On dit alors «avoir de la culture». Mais la culture humanise-t-elle vraiment? Cela veut-il dire domestiquer l'animal humain pour le rendre plus utile au système? La culture est-elle le résultat d'un processus cérébral et biologique au service des autres processus biologiques?

Cette distinction n'est pas si simple et si facile à admettre dès que l'on s'interroge sur l'au-delà ou l'en-deçà de la culture. Il est indéniable, en effet, que plusieurs dimensions de l'homme ne sont pas culturelles, c'est-à-dire qu'elles ne sont pas produites par les hommes mais bien par des mécanisme *subis* par les hommes. Tels sont, par exemple, les cheveux naturels, la constitution physique, les maladies génétiques, etc. Tous les instincts sont dans cette catégorie: ils déterminent le comportement des hommes mais ne sont pas construits par l'homme. On peut se demander s'il n'est pas plus logique de *réduire* les productions humaines à dépendre *finalement* de mécanismes qui échappent à la volonté des hommes, ou tout au moins, à leurs décisions libre? Pensons à tout ce que les hommes ont inventé de «culturel» pour récolter, transporter, conserver et consommer de la nourriture afin de satisfaire un besoin naturel[3].

La prétention des hommes en face du reste de la réalité, en particulier de la réalité vivante avec laquelle l'homme est en symbiose, a suscité chez plusieurs le goût de servir une bonne leçon de modestie à cet être vaniteux dont les ravages sur la planète sont incalculables et dont la stupidité risque d'entraîner la destruction de toute forme de vie sur terre. Cependant, les conséquences de cette leçon dépassent souvent de beaucoup les intentions originales, s'il y en avait de telles, et incluent la défense du *déterminisme* et l'élimination de la liberté humaine, au moins en tant que capacité de décison indépendante des mécanismes bioculturels.

C'est ainsi que la tentative de montrer les liens ontologiques des hommes avec le reste du règne animal et d'insister sur les *ressemblances* essentielles entre les objectifs des hommes et ceux de tous les autres animaux, a entraîné une *dévalorisation* de ce qui constituait, aux yeux de nombreuses cultures et jusque dans le langage lui-même, *la spécificité de l'humain.* «*Je* suis un homme et pas un animal» pourrait-on crier, avec toute l'intensité qu'exige la volonté de ne pas être traité comme les *autres* animaux qui supportent malgré eux les traitements des hommes, sans avoir jamais pu être autre chose que des vivants à la merci d'un autre vivant plus puissant et plus évolué. Mais cette volonté de ne pas être traité comme les autres animaux ne pourrait-t-elle pas être *la forme humaine* d'une *réalité animale* comme l'instinct de survie ou la peur de souffrir? Ne pourrait-on pas tenter de réduire ainsi ce qui semble constituer l'exclusivité humaine à n'être qu'une *forme* spécifique à l'espèce humaine de *fonctions et d'objectifs communs* à toutes les espèces? Et cela, non seulement à propos de l'instinct de survie mais également des autres besoins comme la reproduction, l'alimentation, la territorialité, l'habitation? Il faudrait alors distinguer la *manière humaine* de vouloir et de faire ce que

---

3. Cf. B. Malinovski, *Une théorie scientifique de la culture*, Paris, Seuil, 1966, p. 1127; cf. F.C. Gasmt et E. Norbeck, Ideas of Culture, N.Y., Holt Rinehart and Winston, 1976, p. 36 (E.B. Taylor «Science of Culture»).

toutes les espèces animales veulent et font, *chacune à leur manière* . Le résultat risque d'être très éloigné des convictions communes et des «évidences» philosophiques et idéologiques sur lesquelles s'appuient un grand nombre de nos institutions ainsi que notre mode de vie et de pensée. Il risque également d'être jugé en fonction de critères idéologiques ou moraux qui ne sont pas ceux qui prévalent dans la recherche.

On pourrait également tenter, et cela a été fait dans l'histoire de la pensée humaine, de réduire non pas la culture à la nature mais plutôt l'inverse: la nature à la culture. Il est évident que ce ne sont pas les hommes qui ont fabriqué la planète ni fixé les lois de la nature. Mais il y a dans la culture, dans l'intervention dite non naturelle des hommes, un élément postulé dont on peut supposer la présence non seulement à l'origine des initiatives proprement humaines mais aussi à l'origine des autres «initiatives» dont on constate le résultat dans la nature. Cet élément, c'est la *liberté. Celle des hommes* serait alors limitée et l'autre le serait moins, voire pas du tout. La liberté des hommes expliquerait leurs initiatives et leurs décisions, chaque fois que ce ne serait pas une loi de la nature qui pourrait le faire; *celle des dieux* (le nom des autres détenteurs de cette prérogative) serait *l'explication des événements* qui ne semblent pas répondre à des lois et à des mécanismes déterminés mais plutôt à l'équivalent d'une «décision» des dieux. C'est la mythologie grecque.

Une des formes actuelles de cette vision des choses est l'astrologie et sa version vulgaire: l'horoscope. Pensez au fait que l'on invite quelqu'un à la télévision pour annoncer à plusieurs dizaines de milliers de personnes que tous ceux qui sont nés à telle date rencontreront un ami cette semaine et que cela est écrit, non pas dans leur décision de téléphoner à cet ami, mais dans le cours des astres! Il faut parfois se mordre les lèvres pour ne pas rire ou pour s'empêcher de mordre les vendeurs d'illusions. Mais après tout, qui n'a pas besoin d'illusions et peut-on vraiment juger celles des autres pires que les siennes ?

Ce qui importe dans ces *deux réductions,* c'est la place de la subjectivité humaine, d'abord comme *produit* d'une altérité apparente et qui, finalement, est de la même substance que l'homme, et ensuite comme *modèle* de causalité, transcendant les mécanismes déterminés de production. *Dans le premier cas,* l'homme est réduit au même plan ontologique que les autres vivants et privé en quelque sorte de la liberté et de la conscience comme caractère de transcendantalité. Précisons que la liberté et la conscience ne sont pas considérées alors comme des propriétés qui rendent l'homme supérieur à l'animal, mais simplement un *pouvoir* qui en fait un *animal* supérieur aux autres. *Dans le second cas,* l'homme est considéré comme le modèle d'une réalité connue par elle-même comme *initiatrice* et facteur originaire de production. Ce modèle sert à expliquer les actes humains volontaires et les «événements» naturels; ceux-ci sont interprétés comme signifiants grâce à l'introduction de l'idée de «volonté», derrière les phénomènes naturels.

I
LA RÉDUCTION BIOSOCIALE

1.1 RÉDUCTIONNISME, DÉTERMINISME ET SCIENTIFICITÉ

Il y a plusieurs façons de comprendre et de juger la réduction de quelque chose à autre chose. Réduire quelque chose c'est, en un sens, de la trahison, de la déformation, de la simplification indue. Lorsque l'on réduit quelque chose, en ce sens, on néglige ou rejette certaines caractéristiques et on tente d'assimiler cette chose qui semblait être telle ou telle, à autre chose qui serait plutôt ceci et cela. Soyons plus concret. Certains pensent que la philosophie est une entreprise intellectuelle de grande valeur pour comprendre la réalité et qu'elle permet de formuler notre compréhension du monde en un langage particulier, différent de celui des sciences. Réduire la philosophie, ce serait, au premier sens du terme «réduction», en faire un «simple» jeu de mots qui ne sert à *rien d'autre* qu'à compliquer la vie et les choses. La philosophie se trouve alors réduite à quelque chose d'autre que ce qu'elle prétend être. La réduction en ce premier sens est souvent faite de façon agressive, contre une prétention ou une vanité arrogante; elle consiste, en effet, à diminuer quelque chose ou à le situer plus bas ou plus petit qu'il se prétendait être. Les expressions fréquentes de cette réduction sont: «au fond, ceci n'est rien d'autre que cela, finalement, en fin de compte».

La réaction à ce genre de réduction dépendra de la valorisation ou de la haute estime que nous avons pour quelque chose qu'on refusera de réduire ou de diminuer. On ne dira pas à quelqu'un qui adore son chien, qu'il ne s'agit après tout *que* d'un «animal» et qu'un animal n'a ni liberté, ni conscience, ni générosité, ni moralité, etc.

La seconde forme de réduction n'implique pas, en principe, de jugement de valeur et constitue une forme d'explication. Dans cette réduction, il s'agit de montrer ou de construire un lien théorique entre deux ou plusieurs réalités différentes. L'accent est mis sur les ressemblances de structures, de fonctions, de compositions, d'origine, etc. Le matérialisme est un réductionnisme puisqu'il n'utilise qu'un seul point de vue: la composition physique des choses. Toutes les philosophies ou les sciences qui tentent d'expliquer la totalité ou la majorité des choses et des événements par *un seul* point de vue, par exemple: une seule origine ou une seule sorte de composants, ou une seule fonction, sont appelées «monistes» et elles sont réductionnistes. Il est clair qu'en insistant sur *les ressemblances* et en les considérant plus importantes que les différences, on fait un choix, on prend une option. Par le fait même, on rejette ce qu'on ne choisit pas. Ceux qui, au contraire, insistent davantage sur les différences, les considérant plus importantes et plus utiles à la compréhension des choses et des événements, critiquent les réductionnismes quels qu'ils soient. Le grand danger reste celui de l'absolutisme et de l'intransigeance lesquels conduiraient à négliger la valeur des arguments de l'une ou l'autre perspective. Les formulations qui impliquent des jugements de valeur intempestifs, comme «ceci n'est rien d'autre que [...]» sont à éviter ou au moins à justifier d'une façon convenable. Si la perspective du réductionnisme doit être complétée et confrontée à celle du globalisme (ou holisme), elle demeure cependant celle qui est privilégiée par *la science* et par les autres systèmes de connaissances ou visions du monde qui utilisent le même type de rationalité[1]. Dans cette perspective, il s'agit, en effet, d'*expliquer* et en quelque sorte, de «dé-composer» le complexe en éléments plus simples et le présent en éléments passés, le présent et le complexe étant considérés comme des *effets*. En physique, en

---

1. Pierre Delattre, «La théorie des systèmes: quelques questions philosophiques» *in Encyclopædia Universalis, Supplément II: Les enjeux* , Paris Universalis, 1985, p. 547. Voir également dans le même volume: René Thom, «La science malgré tout», pp. 75-76.

chimie, en biologie, les réalités s'expliquent par le comportement de leurs composants réduits à leur plus petite dimension: atome, molécule, cellule, etc.

> «Expliquer, c'est, en effet rendre compte des phénomènes à partir de quelque chose d'autre qu'eux-mêmes et à quoi on les associe selon des relations considérées comme nécessaires ou tout au moins, comme suffisantes. Pour cela, il est fait appel à des entités ou à des processus élémentaires qui sont censés être à l'origine des phénomènes observés ou qui permettent de reconstituer ceux-ci par combinaisons ou assemblages. L'explication implique donc toujours l'intervention de parties constitutives et de facteurs internes et externes au domaine étudié, et d'interactions auxquelles participent ces diverses entités[2].»

La réduction constitue un processus privilégié par la méthode scientifique parce qu'elle permet la réalisation d'un projet qui définit la science elle-même, à savoir: l'explication *par les causes* et *les constituants*. Cependant, dès qu'il s'agit d'expliquer le comportement humain, les enjeux ne sont plus seulement ceux de la connaissance. C'est qu'il y a un lien entre le réductionnisme et le déterminisme et donc, par voie de conséquence, entre le réductionnisme et la liberté humaine.

En effet, le réductionnisme, appliqué au comportement humain, réduit les humains à leur dimension biologique considérée comme le facteur essentiel d'explication (avec la chimie et la physique prérequises). Ainsi ceux qui prétendent qu'il y a d'autres facteurs explicatifs tels les décisions morales, les convictions, les idées, ne détiendraient pas l'explication essentielle montrant que les différentes réalités humaines comme les sentiments, les croyances etc. sont le résultat d'opérations biologiques. Avant d'en arriver à réduire ainsi les fonctions humaines même supérieures à des opérations biochimiques, le réductionnisme avait commencé par réduire les objets à leurs constituants atomiques, moléculaires, cellulaires, etc. Il supposait que le comportement de ces constituants étaient plus ou moins strictement déterminé. Si aucune de mes cellules n'est «libre», alors tout ce qui est en moi et dépend de mes cellules n'est pas libre non plus. Et que restera-t-il de moi si

---

2. P. Delattre, *op. cit.*, p. 547.

on enlève les cellules? Que suis-je d'autre? Ce qui semble un problème de biochimie ou de science devient alors un problème de philosophie de l'homme, de moralité (des cellules ne peuvent avoir de morale mais seulement des besoins et des mécanismes de défense), d'identité personnelle et de langage: comment désigner ce que je suis sans présupposer des faussetés à travers les notions de «je» et de «personne humaine»? C'est ce que constate Karl Raimund Popper en voulant montrer que la doctrine réductionniste n'est pas satisfaisante même au niveau de son usage en physique et en biologie, bien qu'elle soit éminemment utile comme méthode. Popper définit le déterminisme de la manière suivante: «la structure du monde est telle que tout événement futur peut, en principe, être rationnellement calculé à l'avance, à condition que soient connues les lois de la nature, ainsi que l'état présent ou passé du monde[3].»

Ce que Popper veut montrer, c'est que le futur n'est pas figé comme le passé et qu'on peut intervenir avec notre liberté pour modifier rationnellement certaines choses, du moins à un certain degré d'efficacité. Le problème intéressant est, à son avis, celui de la possibilité d'un *événement imprévisible* mais il débouche aussi, comme en témoignent d'ailleurs quelques travaux plus récents de Popper, sur le problème de la *liberté*. L'indéterminisme n'est *pas suffisant* pour conclure à la réalité de la liberté et de la créativité et l'auteur lui adjoint l'idée de *l'ouverture* du monde des objets physiques, le monde 1, vers deux autres domaines de la réalité:

- celui des sentiments et des espoirs humains, le monde 2;
- celui des idées et des théories, de l'art, etc., le monde 3.

Il y aurait interaction réelle des trois mondes et non pas un déterminisme univoque du premier sur les deux autres, alors réduits à lui. L'argument de Popper consiste ni plus ni moins à poser de la liberté, de l'indéterminé, de l'ouverture vers du nouveau irréductible à l'ancien, de l'incomplet à réaliser et à créer tout cela dans la nature.

> «Il n'y a aucun doute que la prise de conscience que l'homme est un animal et que le désir de nous voir faire partie de la nature soient l'argument en faveur du déterminisme laplacien et de la fermeture causale du monde 1. Je crois que la raison est juste; si

3. K.R. Popper, *L'univers irrésolu*, Paris, Hermann, 1984, p. 5.

> la nature était entièrement déterministe, le royaume des activités humaines le serait aussi. Il n'y aurait en fait aucune action mais tout au plus l'apparence d'actions[4].»

C'est précisement cette prise de conscience que nous allons tenter de réaliser en décrivant les avantages, les inconvénients et les enjeux de ce que nous allons nommer «la réduction biosociale». Il s'agit de découvrir *le degré* d'originalité, s'il y en a, de l'homme par rapport à son milieu naturel. L'objectif n'est pas de montrer que la liberté est une illusion mais plutôt d'améliorer, par une approche critique, les conditions de son affirmation signifiante. On ne peut pas affirmer la liberté n'importe comment sans tenir compte de la valeur des arguments déterministes et réductionnistes. Si la rationalité est *du côté du déterminisme,* il faudra concéder que nous *affirmons la liberté* au détriment de la rationalité et qu'il ne s'agit ni plus, ni moins, que d'une *croyance.* Il reste possible cependant que la rationalité soit limitée et que l'affirmation de la liberté ne soit pas condamnée à ne faire appel pour sa justification qu'à des croyances émotionnelles et culturelles. Il faudra donc pousser le questionnement jusqu'à sa limite.

> «Un des arguments les plus simples et les plus plausibles en faveur du déterminisme est celui qui consiste à dire que l'on peut *toujours,* à propos d'un événement, quel qu'il soit, demander *pourquoi* il est arrivé. À chaque «pourquoi», nous pouvons toujours, en principe, recevoir une réponse éclairante. Ainsi tout événement est «causé», ce qui signifie bien sûr qu'il était prédéterminé par les événements qui constituent sa cause[5].»

C'est ce genre de question qui permet, à partir de la constatation et de l'observation des phénomènes, de «remonter» vers *les conditions initiales de production* des phénomènes et de prédire. La version radicale du détermisme prétend qu'il est possible, en principe, de prédire à un très haut degré de précision, alors que la version du sens commun se contente d'affirmer le principe général et la loi de causalité universelle: tout ce qui arrive dépend de quelque chose qui le fait arriver.

---

4. K.R. Popper, *op. cit.*, p. 7.
5. K.R. Popper, *op. cit.*, p. 7.

C'est cette affirmation du sens commun qui fait naître la science et qui marque la présence de la raison. La science constituera le développement et l'amélioration des processus (et des conclusions correspondantes) de l'entreprise d'explication du monde et de la réalité matérielle, biologique ou sociale. Dans la mesure où les prédictions et les calculs précis de la physique, utilisant la rigueur et la neutralité des mathématiques, ont constitué le modèle de scientificité et donc de qualité épistémologique, c'est à cette science que les autres tentent de ressembler. Dans la mesure où, également, la réalité étudiée par la physique est omniprésente et semble fondamentale, c'est à *cette forme de réalité* que l'on est tenté de *ramener toutes les autres*, un peu comme on «ramènerait» un vingt-cinq cent et un dix cent à n'être essentiellement *rien d'autre que* des multiples d'une seule et même chose: une cent. *La matière première* de laquelle tout ce qui existe est constitué, ou dépend, serait donc ce qu'il faut localiser et suivre derrière toutes les variétés d'apparences et d'événements ou de mouvements. Les lois physiques seraient fondamentales et les autres lois seraient des variantes plus ou moins secondaires. C'est cela le projet réductionniste et il concerne tout particulièrement la réduction de l'homme au vivant et du vivant à la matière organisée. Karl Popper a bien résumé les questions essentielles qui se posent au réductionniste:

- Pouvons-nous réduire, ou espérer réduire la biologie à la physique ou (à la fois) à la physique et à la chimie?
- Pouvons-nous réduire, ou espérer réduire à la biologie ces expériences conscientes subjectives que nous pouvons attribuer aux animaux et, si l'on a répondu par l'affirmative à la question 1, pourrons-nous aller jusqu'à les réduire à la physique et à la chimie?
- Pouvons-nous réduire, ou espérer réduire, la conscience de soi et la créativité de l'esprit humain à une expérience animale et, donc, s'il est répondu par l'affirmative à la question 1 et 2, à la physique et à la chimie[6]?»

Ce qu'il faut bien comprendre, ce sont les conséquences et les enjeux d'une telle réduction. Dans les termes qui servent à nommer notre objet de réflexion et d'analyse, il s'agit ici pour nous de

---

6. K.R. Popper, *op. cit.*, p. 109.

réduire une dualité qui est présentée comme acquise et évidente: la nature/la culture. Cette dualité est présente dans notre langage et notre vision naïve du monde. Nous distinguons facilement la nature et la culture comme nous distinguons l'homme et l'animal, et nous avons non seulement l'habitude de le faire mais intérêt à le faire.

1.2 LA DUALITÉ NATURE/CULTURE: RÉALITÉ OU APPARENCE?

La distinction traditionnelle du sens commun entre la nature et la culture a des implications morales importantes. Les sociétés ont avantage à maintenir cette distinction et à éviter ainsi le réductionnisme, non pas en vertu de faiblesses et de lacunes théoriques mais plutôt en tenant compte des conséquences pratiques. Une certaine interprétation des productions humaines laisse croire que nous sommes non pas en haut de l'échelle animale mais bien au-dessus de cette catégorie de réalité.

> «Notre destin est évidemment exceptionnel par rapport à celui des animaux, y compris les primates, que nous avons domestiqués, réduits, refoulés, mis en cage ou en réserve; nous avons, nous, édifié des villes de pierre et d'acier, inventé des machines, créé des poèmes et des symphonies, navigué dans l'espace; comment ne pas croire que bien qu'issus de la nature, nous ne soyons désormais extra-naturels et surnaturels? [...]
>
> L'anthropologisme définit l'homme par opposition à l'animal, la culture par opposition à la nature; le règne humain, synthèse d'ordre et de liberté, s'oppose aussi bien aux désordres naturels (loi de la jungle, pulsions incontrôlées) qu'aux mécanismes aveugles de l'instinct[7].»

Cependant, cette attitude prétentieuse et orgueilleuse de l'homme vis-à-vis le reste de la nature n'est pas la motivation principale du maintien de la distinction entre la nature et la culture. Si, en effet, ces deux réalités n'en font qu'une seule ou si, à tout le moins, la seconde est déterminée par la première, l'homme est essentiellement un animal comme les autres. Devra-t-on alors penser qu'on

---

7. Edgar Morin, *Le paradigme perdu: La nature humaine*, Paris, Seuil, 1973, Collection points, pp. 19 et 22.

peut le traiter comme un animal? Ce sera la fin des droits et de la liberté/responsabilité, le règne de la violence aveugle, de l'abrutissement, de l'exploitation des plus faibles par les plus forts (le darwinisme social) avec le risque de la révolte sauvage des victimes contre leurs oppresseurs. L'éducation se réduit au dressage, la justice se réduit à la vengeance punitive, l'amour devient plaisir sexuel. Si la nature est le déterminant de la culture, cela signifie que c'est le naturel, l'instinct, qui détermine la raison, le culturel. Cela signifie que les hommes n'ont pas plus de valeur que celle que nous décidons de leur donner en fonction de nos intérêts. Certains animaux auront plus d'importance que certains de nos congénères et rien ne pourra justifier une critique de ce renversement d'attitude.

La réduction explicite de la culture à la nature entraîne des réactions d'insécurité d'autant plus grandes que l'idée que nous nous faisons de la nature est celle d'un système de forces aveugles et humainement dangereuses. En concevant la culture comme le résultat de l'initiative libre et intelligente de l'homme et la nature comme l'ensemble de ce qui ne dépend pas de l'homme pour être tel ou tel, on comprend aisément l'intérêt de la dualité nature/culture: nous sauvons notre pouvoir de maîtriser notre destin et d'intervenir dans le cours des événements. On ne peut pas changer les lois de la nature mais on peut les connaître et les utiliser à des fins et dans des limites fixées par la culture, c'est-à-dire par l'homme lui-même. «La culture, écrit Malinovski, est avant tout un appareil instrumental qui permet à l'homme de résoudre les problèmes concrets [...] lorsqu'il donne satisfaction à ses besoins[8].»

Ainsi on serait en présence de deux sortes de réalités très différentes. La première serait l'œuvre de l'homme; la seconde, l'œuvre d'une autre force productive: la vie, la nature, Dieu, la matière, etc.

Jusqu'à présent, la distinction est claire et plausible. En ne posant pas trop de questions et en se contentant de la perception traditionnelle commune, on pourra trouver des exemples soi-disant révélateurs de la pertinence de la distinction entre la nature et la culture: les fraises sauvages et les fraises cultivées, les perles

8. B. Malinovski, *op. cit.*, p. 127.

naturelles et les perles cultivées, les actes instinctifs et les actes intelligents et réfléchis. Voilà qui semble clair.

L'acceptation d'une telle distinction nous permet, d'une part, de *reconnaître l'intervention de l'homme* dans les événements et les réalités et de la nommer; elle permet, d'autre part, de *reconnaître l'intervention d'une autre réalité* que l'homme dans des événements et des réalités qu'on appellera alors «naturels». Cela nous aide à nous situer dans nos relations quotidiennes de manière *suffisante* pour que nous puissions nous adapter et satisfaire nos besoins ordinaires. Mais ce qui est suffisant pour la vie quotidienne et ses exigences ordinaires est loin de l'être pour des objectifs, non nécessaires mais possibles, concernant une *compréhension* plus profonde, plus radicale, plus scientifique et philosophique de la réalité. SI L'ON OPTE POUR CES OBJECTIFS DE COMPRÉHENSION RADICALE, alors la distinction si utile et si commune entre la nature et la culture doit être remise en question.

Nous nous sentons en sécurité avec nos semblables. En tant que membres d'une catégorie spécifique de vivants, nous cherchons ce qui est humain et qui nous ressemble plus ou moins radicalement. Certains cherchent ce qui leur est très semblable à tous les points de vue alors que d'autres acceptent des différences sur certains points de vue mais pas sur d'autres. D'aucuns encore recherchent des différences sur certains points de vue et n'en tolèrent aucune sur d'autres points de vue.Prenons pour exemple un raciste qui aime tous ceux qui aiment la musique, de n'importe quel genre, pourvu qu'ils ne soient pas d'une race particulière! Certains estiment que toutes les différences ne sont pas moralement acceptables mais que toutes les couleurs d'humains sont acceptables, toutes les formes d'alimentation, de vêtements, etc. Certains pensent que tous les humains sont semblables à condition de penser d'une certaine manière plus ou moins précisée. Et pourtant, un singe aussi «humanisé» soit-il peut-il être plus qu'un animal? Et un humain, aussi dégénéré soit-il, cesse-t-il d'être humain?

Devant ce qui est mécanique, irréfléchi, non décidé, programmé et sans but, nous avons la sensation d'être exclus et différents. «Ce n'est pas humain, conscient, libre.» Devant ce genre de réalité, nous nous sentons solidaires de tous les humains pensants et décidants. Devant ce qui semble capable de «décider» et de «penser», nous nous sentons en «connaturalité» comme devant certains animaux supérieurs. Et pourtant le singe est-il moins animal que la poule par exemple, plus «humain»?

Si la culture c'est l'ensemble de ce que fait l'homme et qui n'existerait pas sans lui, alors pourquoi donc ne dirait-on pas avec la même logique que les fourmilières sont la culture des fourmis, et les barrages de castors, la culture des castors? De manière telle que l'on découvrira que la culture est une production de certains êtres *naturels*, *déterminés* à agir sur leur environnement pour l'adapter. La culture est alors ce qu'est devenue la nature par l'intermédiaire de certains éléments naturels: les animaux et même, plus fondamentalement, les vivants (les végétaux ne vivent-ils pas en groupe, avec des parents, des forts et des faibles, des racines qui «cherchent» de la nourriture, etc?).

Par ailleurs, l'homme dont on pense spontanément qu'il est «l'auteur» de certains événements, le «responsable» de l'organisation de son environnement, est aussi la victime et le «produit» de ces événements et de cet environnement plutôt que son créateur. Il est également un être *déterminé* par la nature d'une manière que la plupart des gens reconnaissent, même ceux qui tiennent à la distinction nature/culture. Alors, ce ne doit pas être la *totalité* de ce qui est dans l'homme qui est *auteur* des réalités dites culturelles. On pense généralement alors à la liberté et à l'intelligence humaine. Ce ne serait pas le cerveau ni le corps de l'homme qui produirait, dit-on, les réalités de la culture mais *son intelligence* et *sa volonté libre*. *Le corps* de l'homme produirait des réalités naturelles et son *esprit,* les réalités non naturelles, c'est-à-dire culturelles. Le problème dévie ainsi vers celui de la liberté et de l'intelligence humaine puisque ce sont ces capacités de l'homme qui seraient la source de réalités dites non naturelles. Si donc on prétend qu'il existe autre chose que des réalités naturelles déterminées, il faut établir que la liberté et l'intelligence humaine ne sont pas des propriétés naturelles (car alors ce qu'elles feraient serait aussi naturel) et qu'elles sont bien réelles.

Il serait facile (et beaucoup de gens le font avec une grande conviction, ce qui n'a jamais été une preuve qu'ils avaient raison!) de réserver un certain vocabulaire pour les capacités humaines et d'en choisir un autre pour les capacités animales de manière à faire croire (ou à montrer que l'on «croit») que l'homme est d'une *autre sorte de réalité* que les animaux plutôt qu'un animal particulier (comme les espèces animales sont particulières par rapport à d'autres avec leurs caractéristiques propres et distinctes). Cette façon de procéder montre que l'homme se croit intensément différent «essentiellement» (et pas seulement biologiquement et psychologiquement) des autres réalités de l'univers. Quand il parle de lui-même, il utilise un vocabulaire qu'il refuse d'employer pour les animaux, et quand il parle des animaux, il utilise un vocabulaire dont il ne veut pas se servir pour lui-même. Il montre ainsi de façon claire qu'il s'agit de deux catégories de réalités très différentes dont une seule peut donner un sens à son existence et à ses entreprises et mérite, par le fait même, un traitement spécifique.

> «L'homme n'aime que trop à s'imaginer au centre de l'univers, ne faisant pas partie du reste de la nature, mais s'opposant à elle comme un être d'essence différente et supérieure.[...] Le (deuxième) obstacle qui s'oppose à la connaissance de nous-mêmes est une certaine aversion sentimentale à admettre que nos faits et gestes puissent être causés par des lois de la nature. [...] Si tant de gens éprouvent un sentiment confus de claustrophobie, devant le spectacle de la détermination causale générale de tous les phénomènes naturels, cela provient sans doute d'un besoin justifié de pouvoir vouloir librement et du désir non moins justifié de sentir que nos actes ne sont pas déterminés par ces causes accidentelles mais par des buts supérieurs[9]».

Ce qui est en jeu dans l'acceptation du déterminisme, c'est donc la réduction de l'homme à sa partie déterminée: l'animalité, au détriment d'une autre qui semble évidente bien que limitée: la liberté d'un «moi» qui ne se réduit pas au cerveau biologique. L'aversion de l'homme devant le déterminisme est beaucoup plus que simplement «sentimentale», contrairement à ce qu'affirme Lorenz, puisqu'il s'agit d'une aversion devant ce qui constitue la négation du caractère «humain» que l'homme prétend avoir: son identité et sa liberté.

L'homme se comprend lui-même, en dehors des sciences humaines qui cherchent les facteurs déterminants et les mécanismes en deçà des apparentes décisions ou des apparentes initiatives des hommes, comme une réalité capable de modifier le cours des

---

9. Konrad Lorenz, *L'agression*, Paris, Flammarion, 1969, pp. 213 et 215.

choses à différents degrés. Cette perception n'est certainement pas fausse si l'on se réfère au réel *pouvoir* de l'homme sur son environnement et sur lui-même. Mais il en va tout autrement si l'on veut référer au fondement de ce pouvoir dans une conscience libre et indépendante de ses assises physico-chimiques et psycho-sociales. Songeons, par exemple, à l'effet d'un tranquilisant sur des phénomènes qui semblent, au premier abord, être totalement indépendants du plan chimique de l'individu: ses convictions morales, ses jugements de valeur, ses «idées», etc. La perception de soi-même comme une «île» au milieu des mécanismes et des déterminismes de toutes sortes est une perception naïve qui ne résiste pas à l'expérience. Cependant, celle-ci ne montre pas toujours l'influence, difficile à évaluer mais réellement présente, d'un nombre incalculable de facteurs d'interférence ou constitutifs de la «nature» humaine.

> «Ce qu'il nomme liberté c'est en fait la possibilité de se soumettre au déterminisme de son cerveau préhumain. Or cette possibilité se heurte au déterminisme inconscient du cerveau préhumain des autres. [...] En nous rien n'est à nous, rien n'est nous. Tout est aux autres, tout est les autres. Tout excepté le produit de notre imagination[10] [...]»

Cette formulation d'Henri Laborit met l'accent sur les liens entre le déterminisme biologique et le déterminisme social en affirmant que la soi-disant originalité de l'individu ne peut se trouver ni du côté biologique, le cerveau étant conditionné sans l'initiative de l'individu mais le conditionnant par contre de toute part, ni du côté social, l'influence du milieu familial et social étant telle que l'individu est littéralement «moulé» par l'apport social externe dès sa naissance. «L'homme est un être bio-culturel», écrit Edgar Morin, et il ajoute: «cette définition signifie du même coup que l'homme est un être totalement biologique et totalement culturel. [...] Tout ce qui est biologique en l'homme est en même temps imbibé, enrichi, mêlé de culture, et fait partie de la culture[11]». Cette définition permet d'accentuer la continuité entre l'homme et la vie, l'évolution et plus globalement la nature. Elle met également en

---

10. Henri Laborit, *L'agressivité détournée*, Paris, Union générale d'édition, 1970, Collection 10/18, p. 135.
11. Edgar Morin, *La méthode T.2: La vie de la vie*, Paris, Seuil, 1980, p. 418.

évidence la continuité entre l'individu et le contexte social et culturel, ce dernier intervenant sur la dimension biologique de l'homme tellement tôt dans l'existence qu'il devient impossible de penser un homme sans sa biologie et sans sa culture. D'un point de vue «génétique» cependant, il semble bien que ce soit le biologique qui soit premier, la culture pouvant être considérée comme le produit raffiné et complexe de l'animalité humaine.

Dans cette manière de se représenter la place de l'homme dans l'ensemble des vivants et dans la nature, c'est finalement la nature et plus particulièrement les lois de la nature qui semblent expliquer les activités des hommes, même lorsque les apparences sont extrêmement différentes selon qu'il s'agisse des animaux inférieurs, supérieurs ou des hommes, et selon les époques ou les pays. Cependant, ces différences se retrouvent également entre les différentes espèces animales non humaines, selon les époques de l'évolution biologique et les espèces elles-mêmes.

Bien sûr, l'homme a le pouvoir de faire et fait des choses différentes des autres animaux et même des choses qu'aucune autre espèce animale ne peut faire. Mais que peut-on conclure de cela, sinon que l'animal humain est *différent* de tous les autres, comme c'est le cas pour chacune des espèces animales qui peut faire ce que les autres ne peuvent pas faire ou qu'elles font de façon différente. Le cerveau et le langage sont infiniment plus développés chez l'homme, considéré globalement, que chez les autres animaux, cela ne démontre aucune différence *de catégorie* mais seulement, quoique cela soit important, une situation *privilégiée dans la même catégorie*. La trottinette et le Concorde sont deux moyens de transport et la liste des différences ne changerait rien à cette identité de catégorie c'est-à-dire essentielle!

C'est dans ce contexte théorique, en gardant les yeux fixés sur les conséquences pratiques, que nous posons la question de la nature et de la culture. La première perspective est celle du réductionnisme naturaliste. Si nous ne voulons pas admettre naïvement et en ne nous appuyant que sur notre conviction spontanée (et conditionnée par nos évidences culturelles) que l'homme est un être libre et d'une essence unique dans l'univers, la première possibilité d'*expliquer* son comportement est celle du *déterminisme naturel*. Si l'idée de nature était insuffisante, il faudrait alors soit la rationaliser davantage, soit encore faire appel à autre chose qu'à la nature. Si nous voulons défendre rationnellement l'idée que l'homme est (ou pourrait être) libre, nous devons *d'abord* analyser les faits et les expliquer en tenant compte (par confiance) des raisonnements de type scientifique tous fondés sur le déterminisme: tous les événements s'expliquent par des processus déterminés, sinon ils sont incompréhensibles. Le postulat est donc qu'ils sont tous déterminés et qu'il faut chercher par quoi, en attendant de pouvoir conclure qu'ils ne le sont pas et qu'ils dépendent d'une liberté.

Si l'homme «prétend» pouvoir se libérer du déterminisme, il faudrait qu'il puisse montrer comment cela est possible, qu'il puisse montrer, plutôt que de simplement le dire, le crier, l'affirmer, qu'il est véritablement une sorte de réalité *capable* d'agir librement à partir d'une *décision* libre sans que rien ne l'influence ou le conditionne. Que beaucoup d'hommes se *sentent* libres, tant mieux pour eux. Que beaucoup d'hommes *affirment* leur liberté et la définissent d'une manière presque «enfantine» et irrationnelle, cela ne me concerne pas s'ils sont déterminés à croire cela, cela ne dépend pas de moi et je ne peux rien y faire, sauf *offrir* une démarche d'approfondissement. Mon problème (et je l'espère, celui du lecteur) est d'expliquer, de comprendre, d'analyser à fond ce qu'il en est de cette croyance à la liberté et ce qu'il est encore possible d'espérer si jamais cette croyance était une illusion.

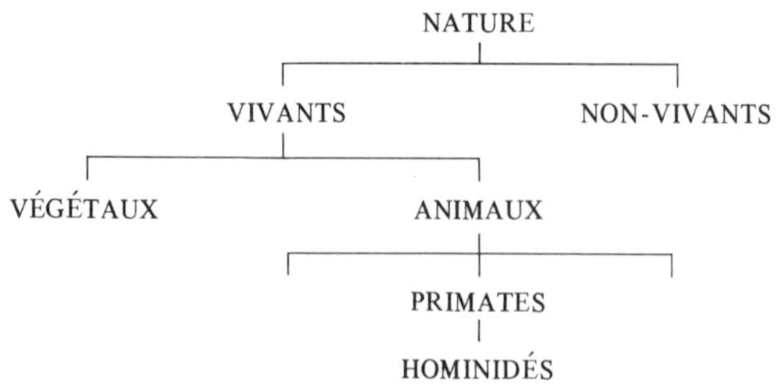

Fonctions biologiques primaires

1. Alimentation
2. Reproduction
3. Habitation
4. Association
5. Langage

FIGURE 1

1.3 LA CULTURE HUMAINE ET LA CULTURE ANIMALE

En examinant les activités culturelles des hommes à travers l'Histoire, on se rend compte qu'elles constituent des manières spécifiques d'assumer des fonctions et des besoins qui se retrouvent chez tous les animaux supérieurs. On pourra, pour s'en convaincre, examiner l'objectif de l'alimentation et inventorier tous les éléments dits culturels que les hommes ont perfectionnés pour satisfaire cet objectif naturel. De la production à la distribution et à la consommation, incluant les conditions d'efficacité de chacune des étapes et la diversification des techniques, incluant également les opérations de production du matériel de production lui-même, nous avons une chaîne d'activités, de moyens et d'objectifs qui montrent que la culture, c'est l'ensemble des éléments orientés vers la réalisation des objectifs naturels des hommes. En un sens, c'est donc dans la structure biologique de l'homme que l'on trouvera les objectifs qu'il vise «naturellement» sans pouvoir le décider ou y échapper.

Illustrons cette ressemblance entre les besoins humains et les besoins animaux. Nous sommes en concurrence pour l'habitation et l'alimentation, pour le choix du partenaire sexuel, pour la protection d'un territoire. Nid, terrier, bungalow ou logement à prix modique, nous cherchons à nous installer quelque part confortablement, selon nos moyens ou notre pouvoir. Nous avons l'argent pour nous accommoder avec ceux qui possèdent ce que nous voulons avoir. Mais pour avoir l'argent, il faut encore nous accommoder avec ceux qui ont besoin de nos services pour produire des biens de consommation, des services qui contribuent à maintenir l'ordre et la sécurité du système de survie du groupe. Comme des fourmis organisées en travailleuses et en guerrières autour de la reine, ou des abeilles ou des singes vivant en groupe autour d'un chef!

Nous faisons nos «danses» d'accouplement avec parfois des détours et des attentes incroyables (des mois et des années!). Nous voulons un emploi comme par instinct avec la même force, la même passion et pour les mêmes sortes de raison que les animaux chassent: pour survivre, trouver un nid, un partenaire sexuel, le confort, la sécurité, la chaleur, le défoulement.

Nous sommes des animaux malades, sans habit naturel contre le froid mais nous avons l'intelligence pour compenser et nous l'utilisons comme un outil naturel à développer par le contact avec des gens payés pour nous aider (éducation). Les mères protègent leurs petits, les petits partent un jour à la chasse aux métiers, aux logements, aux partenaires sexuels. Nous chassons au Steinberg et aux *party* étudiants; nous voulons entrer à l'université comme des animaux programmés, nous courons pour survivre et nous voulons survivre parce que l'instinct nous dicte nos objectifs les plus fondamentaux. Les objectifs à court et à moyen terme sont dictés par notre intelligence et le conditionnement du groupe.

Le hasard biologique est primordial pour expliquer le développement de l'animal humain. La concurrence est telle que ce pourrait être la violence extrême (comme en témoignent certains moments de l'histoire des hommes). Mais la solidarité instinctive des hommes entre eux, solidarité très variable cependant, a favorisé le développement de mécanismes d'aide aux moins bien favorisés: éducation gratuite, services sociaux, organismes d'assistance bénévole, etc. Ces entreprises sont cependant moins efficaces que les entreprises de survie individuelle et nationale, sans doute parce que l'instinct de survie individuelle est plus fort que l'instinct de solidarité (il y a des hommes chez qui c'est pourtant l'inverse: les samouraïs, par exemple).

Le hasard commence avec le Q.I., puis c'est le milieu génétique, le milieu familial et social, les possibilités culturelles et historiques. Tous ces facteurs interviennent sans que l'individu ne puisse les choisir consciemment et intelligemment. Ce n'est que lorsque ces facteurs ont programmé plus ou moins clairement les facultés des individus que ceux-ci peuvent «choisir» en fonction du programme de leur cerveau. Les idées même qui arrivent à la conscience sont déterminées et conditionnées, dépendant du programme cérébral, génétique et culturel.

La concurrence pour l'entrée à l'université, par où passe le pouvoir nécessaire pour les meilleures satisfactions de certains besoins vitaux, est très révélatrice. L'illusion de l'indépendance et de la liberté est tellement insérée dans le programme (parce que la découverte de l'illusion est combattue par l'instinct de survie et les exigences sociales de rentabilité) que l'on n'arrive même pas à penser à la possibilité du déterminisme. On confond ce que l'on ressent avec ce qui est: on ne *se sent pas* déterminé et on conclut, très «utilement» pour nos besoins psychologiques, que nous *ne sommes pas* déterminés.

Cette distinction est essentielle pour le progrès de notre compréhension du monde, de la culture, de la nature, de l'homme. Les progrès théoriques et technologiques en astronomie et en biologie n'ont été possibles que grâce à la contestation des évidences naïves de la perception quotidienne. Selon cette perception, le soleil tourne autour de la terre et les étoiles sont accrochées dans le ciel, toutes petites. Les vivants les plus petits sont les plus petits *visibles* et la couleur des yeux ne dépend pas des parents; les épidémies sont, à coup sûr, le châtiment d'une mauvaise vie.

Les sciences sociales et physiques montrent que les soi-disant explications et les perceptions populaires, bien que très tenaces (parfois même jusqu'à la violence et au fanatisme: par exemple, les discours des défenseurs et des objecteurs à propos du problème de l'avortement), sont des explications et des perceptions conditionnées par l'éducation, le milieu social et les limitations biologiques ou psychologiques et n'ont finalement aucune valeur de vérité et de scientificité. Ceci ne signifie nullement que les sciences ont, elles, la vérité et les explications finales et ultimes. Ce qu'elles détiennent cependant, c'est plus de pouvoir de prédiction, plus de cohérence logique, plus d'efficacité d'intervention. Notre culture est actuellement déterminée par le choix de la raison et de la logique comme sources de connaissances plus valables du monde et de l'homme. Cela n'est pas sans causer des problèmes comme on le voit dans l'augmentation de l'adhésion aux sectes religieuses prônant l'imagination et l'irrationalité (horoscope, etc.).

Notre culture satisfait les besoins biologiques d'une manière raffinée et compliquée pour «montrer» la différence entre l'homme et l'animal et protéger la survie de l'espèce humaine. Le sport, l'alimentation à la cuillère, l'habillement en couleur, la femelle au Chanel n°5, la cravate, le chapeau, la Cadillac, le MF stéréophonique, la bière et le cognac, les *party,* le téléphone et la télévision. Notre nid est le plus compliqué de l'univers et les relations humaines sont les plus complexes du règne animal. Ces différences prouvent que notre milieu de vie n'est pas le même que celui de l'animal au plan de l'organisation, même s'il sert aux mêmes déterminismes. Nous sommes dans un ZOO et les animaux sont dans la JUNGLE.

En un sens, nous sommes des robots vivants dominant tous les autres êtres de la nature. Nos différences de pouvoir et nos besoins particuliers nous font croire que nous sommes autre chose même que des robots vivants, plutôt que des robots particulièrement bien programmés. Notre cerveau est un ordinateur construit par l'énergie biologique en fonction des lois de la nature. Il est tellement complexe que ni la chimie, ni la biologie, ni la psychiatrie ne réussissent vraiment à le réparer s'il se brise, bien qu'on puisse souvent le remettre en opération artificiellement ou par reconditionnement.

L'éducation est l'équivalent d'une programmation délicate, compliquée, raffinée faisant appel à des spécialistes et à des méthodes infiniment plus développées que la programmation d'ordinateurs simples. Il y a déjà un programme de base fourni par le code génétique et dès les premiers instants d'opération, la programmation devient en bonne partie automatique. Le système s'auto-organise et même se corrige lui-même en fonction de sous-systèmes de programmation (par exemple: l'excuse, le remord, le regret). Le système planifie des interventions par l'analyse des données: inventaires des possibilités, calculs d'efficacité, regard, écoute, questions, essais et erreurs, etc. Les objectifs sont déterminés et les moyens dépendent de l'efficacité de l'organe cérébral et du programme plus ou moins rigide. Un programme trop rigide empêche l'adaptation aux situations nouvelles; pas assez rigide, il empêche des opérations adéquates et fonctionne au hasard.

Cette description du comportement humain utilise un vocabulaire qu'on réserve en général pour ce qui n'est pas humain. Il s'agit cependant d'une formulation qui met l'accent sur les ressemblances entre les machines, les systèmes auto-régulateurs, les pulsions animales et les fonctionnements biologiques communs aux hommes et aux autres animaux.

On peut objecter à cette réduction de la culture (les actions et les produits humains) à la nature (lois et déterminismes plus ou moins bien connus et rigides) qu'elle ôte toute dignité à l'homme. Le sens de la vie est réduit à celui des mécanismes biologiques avec un seul enjeu: la survie et un seul intérêt: le plaisir. Les humanistes, les existentialistes et les idéologies religieuses de toutes sortes sont des tentatives de libération et de désaliénation de l'homme par rapport à ses propres dimensions déterminées en lui sans lui. Cependant, en face de ces tentatives, les sciences humaines, soucieuses d'exactitude et de rationalité déductive, tentent au contraire de localiser les facteurs déterminants et explicatifs du comportement humain, en faisant reculer par le fait même la marge de liberté et d'initiative du «sujet». C'est, par exemple, ce que propose explicitement le structuralisme, issu de la linguistique et actuellement favorisé par plusieurs sciences humaines. La question centrale devient alors celle de la place d'un sujet libre dans un monde de structures, impersonnelles mais intelligibles.

Le tableau de la figure 1 illustre le fonctionnement et la structure qu'on peut imaginer pour comprendre les relations de dépendance de l'individu vis-à-vis son milieu naturel et culturel. Sur la ligne du haut, on trouve les COMPOSANTES de l'expérience vécue avec toute la gamme des émotions et des perceptions qui déterminent en partie nos actes et même nos idées sur le monde. Sur la ligne du bas, on trouve les COMPOSANTES de notre corps ou notre matière organique. Ce sont des éléments que nous ne choisissons pas comme notre constitution physique, notre sexe (même ceux qui choisissent ont un choix limité!), notre biochimie, nos hormones, nos neurones, nos muscles, notre système nerveux, notre visage, notre système pileux, etc!

À gauche, pesant d'un grand poids sur notre destinée: nos relations humaines. Ce sont d'abord nos parents qui interviennent sur notre alimentation, notre habillement, nos goûts, notre apprentissage de la vie morale et sociale, notre culture, notre langage, etc. Puis nos professeurs, prenant la relève des parents (des fonctionnaires de l'État fixent ce que doivent savoir les étudiants), interviennent dans le développement des individus. Les influences des parents et des professeurs entrent parfois en conflit, laissant l'individu coincé entre deux pouvoirs, tentant de modifier et de perfectionner cette sculpture inachevée et trop fragile pour résister sans aide aux assauts de la vie: l'enfant et l'étudiant.

À l'intérieur de la boîte, on peut imaginer ce qui se passe en déduisant simplement les opérations qui doivent s'y effectuer, compte tenu de ce qui est produit par cette boîte. Des informations y sont accumulées: c'est la mémoire. Elles sont parfois combinées et associées de manière plus ou moins imprévisible: c'est l'imagination. Elles sont parfois organisées de manière à permettre de découvrir de nouvelles informations: c'est la raison. La volonté est l'énergie qui fait produire des actes incluant le langage et les «idées». Nous n'avons pas besoin, dans ce modèle, de supposer une subjectivité immatérielle, libre, surnaturelle et personnelle.

> «Que l'on considère en effet qu'il y a une faille [...] entre la culture et la nature, ou qu'au contraire ces deux entités sont reliées par une relation de continuité, de ressemblance et de nécessité, on ne peut échapper à la question de la relation qui unit l'homme et la nature humaine à la culture et à la nature[12].»

L'inconvénient majeur du réductionnisme se trouve du côté de ses conséquences sur l'image que nous nous faisons de nous-mêmes et ses avantages, du côté de son efficacité pragmatique dans la prédiction et le contrôle, modeste mais réel, du comportement humain. En effet, si l'on peut maîtriser par des conditionnements et des opérations biochimiques certaines maladies du comportement, c'est que le comportement est «explicable» par des facteurs déterminants sur lesquels on peut intervenir comme sur la cause. Cependant si l'on étend ce déterminisme à l'ensemble des comportements des individus et des groupes et qu'on réduit ainsi la partie qui semblait dépendre de l'initiative d'un sujet qui contrôle lui-même et de lui-même son comportement, si on réduit donc cette partie à celle de la structure biochimique ou sociologique, on assassine littéralement le «moi» des individus. Il s'agit non seulement alors de critiquer un préjugé ou une illusion de perspective, comme voir le soleil qui tourne alors que l'astronomie nous dit le contraire, mais surtout d'une dévalorisation du statut humain à laquelle évidemment on réagit par une tentative de revalorisation plutôt que par une réfutation théorique.

La réduction de l'homme à l'animal, la réduction de la culture à la nature, des activités humaines à leur condition biologique ou sociologique de production, des valeurs humaines à des objectifs biologiquement déterminés, voilà qui constitue proprement le physicalisme ou naturalisme ou matérialisme contre lequel le bon sens pratique se lève en défenseur de la dignité humaine. Mais à y regarder de près, ce réductionnisme, fort ou souple, radical ou modéré, a l'avantage de remettre en question la sorte de supériorité que l'homme se reconnaît sur le reste de la réalité. Plus de

---

12. J.M. Benoist, *La révolution structurale*, Paris, Gonthier, 1980, Collection Médiations, p. 103; cf. B. Malinovski, *Une théorie scientifique de culture*, Paris, Seuil, 1968, p. 66.

neurones, bien sûr, et donc des performances plus admirables, mais quoi d'autre au juste: la liberté? le sens de la vie? la moralité? Chacun de ces concepts peut être intégré dans la perspective réductioniste. La liberté, ce sera le pouvoir d'agir sans contrainte pour satisfaire des besoins déterminés, directement ou non. Le sens de la vie, ce sera la lutte pour le plaisir, la reproduction, l'alimentation, l'assouvissement des instincts sous la tutelle d'un cerveau capable d'organiser, de planifier, de calculer, de coordonner à long terme une satisfaction maximum, optimum, générale, voire universelle et définitive (c'est l'utopie). Et la moralité, enfin, ce sera le royaume des règles, intégrées si possible, des interdits, des peurs, des désirs, le domaine où précisément il faudrait savoir si les sujets sont des identités personnelles ou des cerveaux et si les décisions sont des initiatives ou des résultats et des effets de mécanismes déterminés plus ou moins radicalement et rigidement[13].

Si on se demande si et pourquoi nos actes quotidiens ont un sens, on découvre que c'est parce qu'ils servent à réaliser certains objectifs. De nombreux actes ont un sens par rapport à des objectifs que nous n'avons pas fixés nous-mêmes. D'autres en ont un par rapport à des objectifs que nous avons fixés en les considérant comme des étapes plus ou moins indispensables à la réalisation d'autres objectifs plus lointains que nous avons également fixés en les considérant comme des objectifs plus ou moins indispensables. Et le dernier, le TOUT DERNIER objectif ne sera plus orienté vers un autre (puisque c'est le dernier). Il ne sera plus fixé comme utile à autre chose qu'à lui-même: «vivre pour vivre». Que le dernier objectif soit le dernier connu (par rapport à notre perception) ou le dernier/dernier, la circularité sera réelle, objective ou subjective.

On découvre alors que tous nos objectifs qui doivent bien s'accrocher quelque part et finir quelque part, dépendent d'un dernier objectif que nous ne choisissons pas mais qui nous conditionne dès notre première décision, c'est-à-dire dès notre premier calcul de satisfaction. Alors que l'on ressent l'obstacle qui nous empêche de satisfaire notre désir, on ne sent pas que le désir

---

13. K.R. Popper, qui plaide pour l'indéterminisme, reconnaît lui-même que l'indéterminisme n'est pas suffisant pour conclure à la liberté.

lui-même non choisi ou choisi en fonction d'un objectif non choisi nous conditionne à vouloir ce qu'on n'a pas voulu vouloir! (Relisez lentement et ça ira bien!)

Ce qui se présente donc à celui qui accepterait la rationalité scientifique et le principe de détermination universelle, c'est non pas la résignation et le désespoir mais le défi de retracer avec la même rationalité la possibilité de l'humanité de l'homme sans renoncer à admettre son animalité. Il s'agirait de faire plus cependant que de le crier et de traiter les adversaires comme des ennemis de l'homme. C'est le reproche qu'on a fréquemment adressé aux structuralistes, en particulier à Claude Levi-Strauss, et aux socio-biologistes, notamment Edward O. Wilson. Ces deux théoriciens, partisans du déterminisme, se sont bien défendus de vouloir nuire à l'homme et prétendent au contraire que leurs découvertes et leurs points de vue favorisent une meilleure compréhension de l'homme, ceci pour son plus grand bien.

II
LA RÉDUCTION ANTHROPOMORPHIQUE

2.1 L'APPROCHE MYTHIQUE: LE MODÈLE HUMAIN

Une histoire inventée pour faire comprendre quelque chose n'a pas à être une histoire vraie mais à être efficace. C'est ainsi que les mythes anciens qui racontent l'origine des choses sont le versant primitif du projet de l'intelligence humaine: saisir le sens des choses et des événements. De nos jours, après les analyses des ethnologues et des anthropologues, les mythes ne sont plus considérés comme des «erreurs» à éviter. Il s'agit bien plutôt d'une manière de dire les choses, d'un langage, d'un discours particulier dont il faudrait comprendre le fonctionnement et les lois. La seconde réduction qui s'offre à celui qui refuse la dichotomie nature/culture est l'inversion du réductionnisme scientifique actuel. Il ne s'agit plus de réduire l'humain et le culturel à la matière et au naturel mais de réduire le naturel à l'humain ou, plus précisément, à la dimension humaine la plus importante: le sens. Ce que font les hommes consciemment et volontairement, avec leur raison et leur désir, a un sens et peut être compris en décrivant ces raisons et ces désirs. En reconnaissant que le monde, l'univers, la nature ont un sens, les hommes d'avant la science cartésienne ont cherché le sens des choses en utilisant le modèle de signification des actes humains. Si je frappe une table dans un excès de colère, ce geste a un sens et la destruction de la table aussi. Si un raz de marée ou une épidémie surviennent, cela doit aussi avoir un sens, une raison d'arriver. Le mythe raconte des événements qui ont eu lieu antérieurement et qui servent à expliquer le sens de ce qui arrive maintenant.

On admet assez mal aujourd'hui, spécialement dans le contexte du discours rationaliste de la science, la valeur des histoires inventées et invérifiables du mythe. Cependant cette forme de pensée est présente à toutes les époques et dans toutes les cultures et pourrait bien exprimer des vérités qui échappent à la science et à la raison conceptuelle. La réduction qui consiste à faire dépendre les événements naturels d'une force surnaturelle, à l'image de la force de la volonté humaine, conçue elle-même comme surnaturelle, est une réduction formulée surtout dans le mythe. En un sens, elle est donc dans le contenu qui nous intéresse ici, à l'antipode de la réduction opérée par la rationalité scientifique commune. Elle est aussi à l'antipode au plan de la méthode de vérification, vérification qui n'existe pour ainsi dire pas dans le mythe et qui constitue, par ailleurs, la grande force de la science moderne. Encore qu'il faille ici faire des nuances car on ne peut, selon certains, vérifier ce que les sciences affirment de façon universelle puisqu'il faudrait vérifier tous les cas, ce qui est techniquement impossible. Reste alors la confiance en la raison humaine, confiance au moins aussi intense en science que chez les cultures acceptant leurs mythes comme des évidences.

La réduction anthropomorphique consiste à utiliser le langage de la volonté, des intentions, des finalités, des désirs et des décisions humaines pour formuler une explication et nommer le sens des événements qui ne sont pas produits par les hommes. Nous avons conservé à travers les âges, diverses croyances concernant les causes des événements qui auraient un sens si on supposait une intention ou un projet derrière eux. Au Moyen Âge, les épidémies étaient considérées comme la vengeance de Dieu; plusieurs individus croient encore à l'existence de forces personnelles avec lesquelles on peut communiquer et qui sont considérées comme la cause de nombreux événements heureux ou malheureux. Tout n'est cependant pas que naïveté dans cette façon de voir les choses.

Une des bonnes façons d'accepter d'envisager le mythe d'un point de vue qui lui permette de montrer ses qualités est d'examiner les limites de ce qui s'oppose au mythe: la rationalité scientifique. Si on consulte les analyses fort judicieuses qui ont été menées depuis le début du siècle à propos de la valeur explicative des sciences, on constate que les fondements échappent à la physique, reine des sciences, tout autant qu'aux mathématiques, sommet de la logique[1]. Les invérifiables, les indémontrables, les questions insolubles, les ouvertures sur la métaphysique et la théologie montrent bien comment la science est limitée et ne peut répondre à tous les pourquoi et ne répond, en fait, que modestement et provisoirement aux questions mêmes dans lesquelles elle prétend avoir eu le plus de succès.

La croyance populaire à la liberté et à la responsabilité des hommes est la source d'un appui important au mythe. Un certain sentiment d'impuissance et d'ignorance permet de conclure rapidement à la présence et à l'intervention de «forces» supérieures. Ignorant les causes et les mécanismes, on peut en effet combler ce manque par l'imagination, exactement d'ailleurs comme on le fait en science, et on *construit* littéralement une signification pour les événements, en fonction de la perception d'une présence «humaine» derrière les phénomènes. Le langage animiste qui marque la pensée naïve est le lieu d'expression privilégiée du mythe. C'est ainsi que l'on parle comme si les objets avaient des intentions et des sentiments lorsqu'on dit: «mon auto ne *veut* pas démarrer», et autre chose du genre. La différence entre la construction théorique en science et le discours animiste et mythologique dans la pensée ancienne (et actuelle) réside dans la conception de la nature des «causes». En science, il n'y a pas de volonté et de sujet derrière les événements mais seulement des forces. Dans le mythe, ce sont des «personnes» avec un nom propre qui interviennent dans le cours des choses ou au début du cours des choses. La réduction anthropomorphique consiste à réduire précisément l'impersonnel et le mécanique au personnel et au volontaire intentionnel. Les phénomènes de la nature, ou plus exactement, certains phénomènes importants pour l'homme, seront interprétés dans la pensée mythique comme le résultat de la volonté des dieux. La croyance aux dieux ressemble à celle que l'on a envers soi-même comme sujet autonome, cause productrice de nos actes. Dans la mesure où nous nous percevons nous-mêmes comme le *facteur fondamental* et dernier qui donne un sens à nos décisions et à nos initiatives «libres», nous savons ce que signifie les interventions des dieux. Celles-ci sont en effet l'exact

---

1. Cf. C. Castoriadis, «Sciences modernes et interrogation philosophique» *in Encyclopædia Universalis*, Paris Universalis, 1973, T. 17: Organum.

équivalent de nos propres décisions: le résultat d'une liberté originaire en acte.

Si la réduction biosociale, déterministe, reposait en partie sur l'expérience de la technologie et du pouvoir de modifier le cours des choses en intervenant sur les facteurs déterminants, la réduction anthropomorphique repose, elle aussi, sur une expérience. Il s'agit de celle de l'*initiative subjective*. Le sujet humain se perçoit lui-même comme cause, parfois même comme cause unique et première, et c'est de cette expérience qu'il tire l'affirmation de sa liberté et de sa responsabilité. En généralisant cette affirmation aux autres subjectivités, on arrive à une théorie sur la nature humaine universelle comme réalité libre et responsable. La réduction anthropomorphique consiste à généraliser et à appliquer l'idée de liberté non seulement à tous les hommes mais également à la plupart des événements naturels importants. Ce qui a un sens, semble-t-il, pour expliquer nos propres actes en aurait un pour expliquer les actes des autres dans les mêmes conditions. Et ce qui a un sens pour expliquer les actes humains à partir d'une origine absolue, en aurait un pour expliquer les événements qui dépendent d'une origine absolue.

L'homme, se concevant lui-même comme point de départ de certaines entreprises autrement inexplicables, conçoit les dieux comme constituant un point de départ de même nature. La grande valeur de ce point de vue réside dans sa simplicité et dans son étendue. Simplicité parce qu'on ne fait appel qu'à l'expérience immédiate de la conscience; étendue parce que n'importe quoi peut devenir significatif de l'intervention de forces personnelles surnaturelles. Si l'on remonte de pourquoi en pourquoi vers l'origine ultime, on arrive inéluctablement à une idée absolue: l'origine sans origine, le point de départ sans antécédence aucune, le point 0. Cela est aussi vrai dans la rationalité scientifique que dans la pensée mythique; c'est d'ailleurs pour cette raison que certains scientifiques refusent nettement de poser certaines questions auxquelles on ne peut répondre que par des réponses invérifiables et fondées sur des croyances qu'ils refusent d'envisager. La philosophie se résigne moins facilement à cette opposition entre le mythe et la logique scientifique:

> «Le mythe, dans sa signification et son essence même, n'est pas théorique. C'est un défi aux catégories fondamentales de la pensée. Sa logique – si tant est qu'il ait une logique – est sans

rapport avec notre conception de la vérité empirique ou scientifique. Mais la philosophie n'a jamais pu admettre cette divergence. Elle a toujours été convaincue que les créations de la fonction mythique avaient une signification compréhensible[2].»

Si la réduction anthropomorphique ne définit pas la philosophie autant que la réduction biosociale définit la science, il reste que l'accueil favorable à la pensée mythique se situe du côté de la philosophie ou à tout le moins, de la *métaphysique*. C'est en partie à cause de la nature des questions qu'ils posent et de la non-vérifiabilité des réponses que le mythe et la philosophie ont parfois le même opposant: la science rationaliste. Les limites de cette dernière montrent cependant à quel point on ne peut espérer obtenir toutes les réponses d'une même source de référence.

2.2 AVANTAGES DE LA VISION ANTHROPOMORPHIQUE

Cette façon de voir les choses à partir du modèle humain, c'est-à-dire d'un modèle de volonté consciente, d'intentionnalités, de sentiments et de désirs, constitue une «construction de sens» permettant de rendre significatif ce qui ne le serait pas sans elle. Il ne s'agit pas véritablement *d'expliquer*, au sens donné à ce mot en science et en technologie, mais bien plutôt de dire et de raconter des «histoires» qui rendent la situation ou les événements intelligibles et signifiants. Le mythe raconte le commencement ou la naissance des choses; il contient toujours un récit qui porte sur des événements antérieurs à l'histoire naturelle. En ce sens, il est l'histoire de ce qui a lieu avant que quelque chose de concret et d'observable ait commencé.

En examinant la manière dont nous expliquons nos actes et nos comportements, on se rend compte que l'*histoire* de nos intentions et de nos délibérations «intérieures» est tout à fait semblable, chaque fois que nous nous attribuons le statut d'*auteur* de ces actes et de ces comportements, à celle du mythe. Nous inventons littéralement l'histoire de nos motivations comme s'il existait en nous, dans notre corps, un petit dieu capable de modifier le cours des choses, de changer la réalité, d'intervenir d'une manière

---

2. Ernest Cassirer, *Essai sur l'homme*, Paris, Minuit, 1975, p. 111.

externe sur la chaîne des déterminismes et de produire quelque chose que rien d'autre que «moi» n'a produit ou n'est la cause. Ce petit dieu s'appelle «JE». Il n'est pas éternel, ni tout-puissant, ni parfait, mais il est capable, dit-on, de ce que seul un dieu peut faire: modifier le cours des choses de manière à ce que se produise ce que le «JE» voulait, plutôt qu'autre chose.

Le langage, tel qu'il fonctionne dans les circonstances ordinaires, permet qu'on pose un sujet nommé «JE» qu'on peut grammaticalement définir comme l'auteur de l'action posée. Cependant, il faut se rendre compte que ce que la grammaire admet comme une évidence, c'est qu'il existe une réalité immatérielle et métaphysique, capable d'intervenir pour modifier la matière ou la déplacer dans l'espace physique matériel. Une phrase comme «Je bouge mon bras» implique, philosophiquement, que l'auteur de cet acte est un «je» et qu'il est la cause d'un mouvement d'objet (mon bras) dans l'espace. Comment cela se peut-il? La grammaire n'en a cure, puisqu'elle ne règle que les phrases et non pas les idées qui s'expriment par elles. C'est pour cette raison que la critique de certaines convictions ou de certaines «évidences» est bloquée par la force des habitudes linguistiques qui supplantent l'analyse: il est trop tard pour changer notre manière de parler.

L'avantage de la réduction anthropomorphique est précisément qu'elle confirme les usages linguistiques et le sens commun. Autant Galilée avait de la difficulté à défendre son idée de l'héliocentrisme devant les évidences du sens commun, le pouvoir des autorités classiques et la force correspondante de la tradition géocentrique, autant il est difficile de critiquer l'anthropomorphisme à cause des habitudes linguistiques et intellectuelles.

Le second avantage de l'anthropomorphisme est davantage psychologique que social. La réduction anthropomorphique sauve la dignité de l'homme qui n'est plus réduit alors à un cerveau et à un système nerveux mais, au contraire, haussé au niveau du divin. L'homme devient un lieu privilégié de référence pour un modèle d'intelligibilité: rien de plus facile à comprendre, croit-on, qu'un acte volontaire intentionnel dépendant d'une décision consciente. Ce qui est ainsi protégé, c'est le pouvoir de l'homme, rassurant et sécurisant, de maîtriser sa vie et de faire face à un fondement semblable à tout ce qui est humain. C'est la liberté, la responsabilité et la moralité de l'homme qui sont ainsi protégées. La réduction anthropomorphique constitue un élément important dans l'évaluation de la place que l'homme s'accorde spontanément dans le monde: le centre. Concevant sa conscience comme le lieu où la réalité se révèle à elle-même et le lieu où la continuité des événements peut être mise en échec par une intervention de sa liberté, l'homme se conçoit assez facilement lui-même comme un modèle de causalité transparente à elle-même, c'est-à-dire se connaisant elle-même comme cause. L'homme *saurait* ainsi ce qu'il est et ne se contenterait pas de l'être. Il poserait des actes dont il serait la cause et il saurait qu'il est cette cause. De même, les événements de la nature qui ont un sens seraient des événements produits de la même façon: par une volonté consciente et libre.

On a beaucoup critiqué le téléologisme qui prétendait que tout ce qui arrive dans la nature et, en particulier, dans l'évolution, est le résultat d'une décision consciente visant un but explicite. Les événements s'expliqueraient en fonction d'un but visé par les forces naturelles ou surnaturelles. La recherche de l'intention derrière les faits a toujours constitué la préoccupation essentielle du mythe et des religions. Les interprétations qu'on a données cependant de diverses caractéristiques des choses et des vivants en terme de leur utilité «voulue» par la nature, ne sont plus très reconnues de nos jours. On n'aurait pas l'idée de prétendre que les feuilles des arbres poussent exprès pour faire de l'ombre! Ces interprétations sont néanmoins tentantes dans la mesure où l'on pense généralement qu'elles satisfont les exigences de rationalité au plan des comportements humains. En effet, certains sociologues dont Max Weber, ont suggéré de rechercher l'intention et le but derrière les actes humains pour en comprendre la rationalité et le sens. En reconnaissant la rationalité de nos comportements, nous affirmons du même coup, leur fonction dans la réalisation d'un objectif, d'un projet, d'une finalité ou d'une volonté. Est donc rationnel ce qui est dirigé vers un objectif, et de cette idée valable pour les actes et les comportements humains en général, on passe aux événements «naturels» et biologiques en particulier. Ce finalisme de la Nature perçue, définie et pensée comme une Volonté rationnelle, est présent chez les biologistes du XIXe siècle d'une façon plus ou moins explicite. Bien que cette idée du finalisme ait été combattue par la physique classique, certains pensent que la finalité peut avoir sa place dans le monde des vivants aussi bien qu'au niveau microscopique en mécanique quantique[3].

Le troisième avantage de la réduction anthropomorphique est celui-là même qui est revendiqué également par la réduction biosociale déterministe: la connaturalité de l'homme et de son milieu naturel. L'homme et la nature seraient explicables de la même façon fondamentale et auraient un sens en vertu de la même sorte de rationalité. Dans le cas de la réduction biosociale, par le déterminisme et la matière; dans celui de la réduction anthropomorphique, par la finalité et l'initiative autonome.

On voit bien cependant qu'il est difficile d'attribuer une âme aux objets et de leur concéder une «volonté». C'est cependant ce que nous faisons, au moins dans notre langage, chaque fois que nous nous exprimons comme si les objets ne «voulaient» pas obéir (comme une auto qui ne «veut» pas démarrer, par un froid matin d'hiver!). C'est également ce que certaines populations faisaient avec leur totem et leurs fétiches, et ce que certaines personnes font encore maintenant en croyant aux porte-bonheur. Les objets auraient un pouvoir sur le cours des choses. La version moins animiste et moins naïve est celle qui voit dans les phénomènes naturels, non pas l'œuvre d'innombrables volontés agissant de l'intérieur des choses, mais l'œuvre d'une Volonté originaire et primitive, constituant le point 0 des choses et des événements. C'est la perspective de Teilhard de Chardin et celle des croyants en général.

La croyance que les dieux sont à l'origine des événements bénéfiques ou maléfiques pour les hommes dépend de l'image qu'ils se font d'eux-mêmes comme cause radicale et initiatrice originaire de leurs «propres» actes. On sait comment la découverte de l'inconscient et des mécanismes neurologiques qui influencent la pensée et les sentiments a remis en question cette interprétation de

---

3. Cf. R. Ruyer, «Finalité» *in Encyclopædia Universalis*, vol 7, pp. 1-4, Paris, Universalis, 1971; cf. I. Stengers, «Hasard et nécessité», idem *in Supplément II*, pp. 324-330, Paris, Universalis, 1985.

l'homme comme être libre et responsable. Cependant, cette interprétation n'est pas la seule cause de la croyance anthropomorphique. Des gens plus habiles que les autres ont exploité, au cours de l'histoire humaine, la naïveté de leurs congénères et se sont installés au pouvoir comme élus des dieux et capables de comprendre la volonté des dieux pour la traduire aux autres ignorants. Les sorciers ont ainsi imposé des «vérités» invérifiables et répandu une vision du monde dans laquelle ils détenaient les positions de pouvoir et de prestige auxquelles ils aspiraient. Dans cette vision du monde, c'est la volonté, la liberté, la responsabilité et surtout la culpabililté qui constituaient les concepts-clés. Les sorciers ont ensuite distribué à leur gré, sous le couvert de soi-disant révélations qui n'étaient accessibles qu'aux sorciers eux-mêmes, des condamnations et des punitions souvent plus «utiles» que véritablement «méritées».

Il ne faut cependant pas confondre la situation sociale dans laquelle est vécue la conception mythique du monde et la valeur du mythe lui-même comme discours particulier sur la réalité. Dans l'usage courant des termes «mythe» et «mythique», on réfère, tout autant que dans l'usage proprement anthropologique ou sociologique, à la fonction descriptive et explicative d'une «histoire». Remarquons cependant que dans l'usage populaire, c'est la connotation négative qui prévaut. Lorsque des gens s'exclament: «c'est un mythe!», ils réfèrent à une «pure invention» de l'esprit servant généralement à tromper ou à illusionner. Le mythe, en ce sens, constitue généralement une croyance populaire sans fondement concernant la valeur ou l'origine, par exemple, d'une réalité sociale quelconque. Le mythe du «riche Américain», c'est l'histoire qu'on raconte sur les Américains et qui laisse croire qu'ils sont tous riches: c'est une invention, une exagération, une caricature de la réalité résultant d'une mauvaise compréhension voire d'une totale incompréhension des choses. Mais il y a un sens plus positif au mythe.

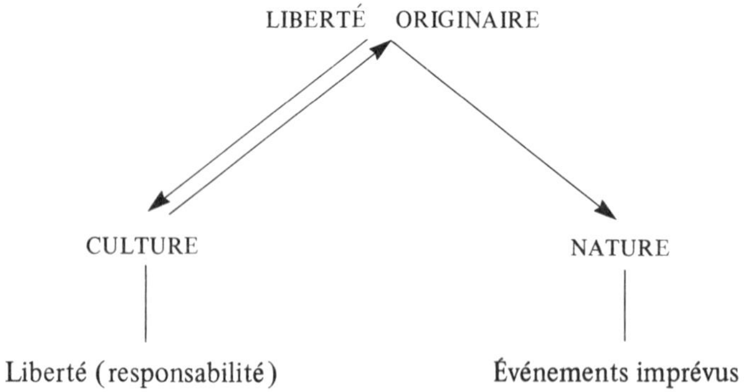

FIGURE 2

2.3 SCIENCE ET MYTHE

On peut se demander, si on définit le mythe à partir de son usage populaire, comment les théories scientifiques ne seraient pas des mythes puisqu'elles sont également *inventées* pour expliquer (parfois, elles sont d'ailleurs fausses ou invérifiées ou invérifiables). Le mythe, au sens positif, est une invention de l'imaginaire (plutôt que de la rationalité comme en science) ayant pour fonction de rassurer et de comprendre les événements inquiétants ou absurdes en créant des histoires qui donnent un SENS aux événements. Et n'est-ce pas également une fonction de la théorisation scientifique, issue du même besoin: comprendre l'homme et le monde? La différence, et elle est infiniment importante, c'est que la rationalité scientifique a permis d'agir et de modifier l'ordre des choses; elle a surtout permis l'intervention et l'augmentation du pouvoir des hommes sur les événements, ce que le mythe n'avait pas réussi à faire.

Alors que la science et la réduction biosociale permettent de comprendre les mécanismes et les facteurs déterminants en fournissant les réponses au «comment» et en donnant le pouvoir de modifier le cours des choses, le mythe, lui, répond à la question du «pourquoi» et l'origine dans un temps antérieur au nôtre.

Les croyances populaires, les habitudes et les mœurs culturelles alimentent et sont alimentées par les mythes. Reconnaissant, d'une part, que de nombreux événements, surtout au plan de la vie quotidienne, sont sans importance et ne méritent pas d'explication ou d'interprétation, il reste, d'autre part, des événements plus dignes de constituer l'objet du mythe. Ces événements sont ceux qui touchent les dimensions essentielles de l'existence: l'amour, la mort, la guerre, la fécondité de la nature, le climat, etc. Les événements et les réalités nécessaires à la survie et au bonheur humain sont, dans la pensée mythique, rendus signifiants grâce à l'histoire imaginée pour les expliquer[4]. Ce qui est intéressant dans le contenu de la mythologie, c'est la somme des réponses qu'elle fournit à des questions ou à des inquiétudes que la logique et la rationalité scientifique ne peuvent résoudre, mais que les hommes doivent tout de même assumer. L'imagination constitue la condition de production du mythe, comme la rationalité constitue la condition de production de la science.

La grande critique de la pensée mythique concerne sa non-vérifiabilité. Il n'est pas possible de savoir si Zeus est le maître du feu, si Neptune est la véritable cause des tempêtes en mer ou si c'est Cupidon qui nous fait tomber en amour! Le discours des poètes grecs ne constitue pas un discours à prétention scientifique mais un discours de poète, c'est-à-dire un discours de créativité et d'imagination. Ces «sornettes», comme le poète Ovide de Rome les appelait, ont cependant un avantage important sur la rationalité scientifique. Les mythes racontent, en effet, ce qui s'est passé avant l'apparition des choses humaines et posent ainsi un commencement absolu, en la personne des premiers dieux. Ils expliquent ensuite d'une manière simple, utilisant le modèle biologique de la reproduction, comment les causes se sont mises au monde, en quelque sorte, entre elles puisqu'elles étaient des causes vivantes, capables d'agir librement. Le problème du commencement est resté insoluble en science parce que la raison est incapable de concevoir un commencement qui ne serait pas causé par quelque chose d'autre. Ce serait admettre l'inexplicable et c'est justement ce que la rationalité n'admet pas. Mais l'on n'arrive jamais ainsi à une véritable origine première. Toutes les causes sont elles-mêmes causées par autre chose, dans un enchaînement sans fin. La rationalité scientifique n'admet donc pas que l'on puisse trouver la cause première, comme disait Aristote, et refuse même souvent

---

4. On trouvera une excellente présentation de la mythologie grecque dans le livre d'Edith Hamilton, *La mythologie*, Paris, Marabout, 1962.

d'accepter les questions concernant cette réalité impossible à trouver et même à «penser» clairement. Que quelque chose ou un événement quelconque se produise «tout seul», voilà qui est rationnellement, logiquement, scientifiquement impossible. La science ne peut donc pas répondre à la question du commencement premier de quelque chose.

Mais le mythe, lui, peut le faire. Il fait remonter les événements qui ont un sens à des libertés et à des décisions prises par des êtres ayant, comme les hommes, une volonté. Cette volonté est capable de commencer quelque chose si elle est libre. S'appuyant sur l'idée que les hommes se font d'eux-mêmes comme réalité consciente, vivante, volontaire et libre, ils se sont construit une idée des réalités qui pouvaient, comme eux, initier un acte quelconque à partir d'un commencement radical, sans rien d'antérieur qui le produirait (comme l'inconscient par exemple). Ces êtres comparables aux hommes, ce sont les dieux de la mythologie; les actes posés par les dieux, ce sont les événements qui s'expliquent, dans le mythe, de la même façon que les actes des hommes: par une intention consciente et volontaire. Ce qui arrive est produit par la volonté des dieux et des forces divines.

Les premiers philosophes grecs vont contester ce monde imaginaire qui ne contient que des «inventions» incohérentes et irrationnelles. C'est surtout l'utilisation de ces «personnages» divins dont l'existence est invérifiable pour comprendre les phénomènes sociaux et naturels que les premiers philosophes vont critiquer en proposant des «concepts» neutres, impersonnels et plus près de l'expérience humaine. On remplace les dieux par des éléments naturels comme la terre, l'air, le feu et l'eau, premiers constituants physiques du monde et ancêtres de nos «atomes» actuels. On défendra l'idée que l'imagination est plus nuisible qu'utile et que c'est à la raison et à la logique qu'il faut faire appel pour comprendre le monde. La capacité de prévoir les phénomènes de façon plus juste qu'on ne pouvait le faire avec la pensée mythique, fera triompher la raison et plus tard, vers le XVe siècle, la science, telle que nous la définissons aujourd'hui. Ce n'est pas encore le triomphe de la Vérité mais plus simplement celui d'une manière de voir et de définir les choses sur une autre interprétation plus imaginative. On admet aujourd'hui que la raison scientifique invente elle aussi, autant que l'imagination, et avec l'imagination. Il n'existe plus beaucoup de philosophes et d'hommes de science qui prétendent que la science peut nous fournir la vérité sur les choses telles qu'elles sont.

Même si on ne peut rejeter la pensée mythique du revers de la main, il reste qu'elle est peu valorisée et qu'elle ne peut fournir ce qu'on attend aujourd'hui des connaissances sur le monde: le moyen d'agir sur le cours des choses et de maîtriser les événements. Cependant, en acceptant la rationalité scientifique, on devra aussi accepter ses conséquences sur la définition de l'homme. En effet, la science n'affirme pas la liberté humaine contrairement à la métaphysique et la mythologie. La science n'affirme pas, non plus, l'existence de l'esprit immatériel dans le corps de l'homme contrairement au mythe et à la métaphysique. Il n'est donc pas étonnant de voir de nombreuses personnes accepter la technologie issue de la science et de la logique scientifique elle-même et refuser, en même temps, ses conclusions dès qu'elles deviennent non pas illogiques mais désagréables ou en contradiction avec les croyances vitales, essentielles, nécessaires qui fondent notre mode de vie, mais qui ne sont pas démontrables.

Il n'est pas étonnant non plus de voir plusieurs hommes de science et plusieurs philosophes partagés entre deux sortes de vérités: celle du déterminisme scientifique et celle de la mythologie qui sauve leur liberté et leur dignité d'être spirituel. On comprend qu'il puisse être terrifiant de penser que nous ne sommes que des animaux, paquets de chair et d'os, de neurones et d'instincts, programmés par le code génétique et reprogrammés par la culture, le système social, l'éducation, etc. Ce qui reste de nous-mêmes comme être immatériel, notre moi, notre conscience, notre subjectivité (ce qui fait que nous sommes un «je» plutôt que «quelque chose»), tout cela, dans le matérialisme et dans une certaine rationalité scientifique est réduit à une pure illusion, utile, efficace, mais... fausse.

Le défi qui se présente maintenant est plus concret que celui de la simple compréhension des relations culture/nature. Il s'agit de trouver une place à l'homme comme réalité essentiellement différente des animaux et de la matière vivante. Cela veut dire: se trouver à soi-même une place comme réalité qui serait autre chose que de la matière vivante condamnée à se débattre pendant 70 ou 75 ans, pour rien, seulement parce qu'elle est construite comme cela et parce que c'est ainsi. À travers le problème de la distinction nature/culture apparaît aussi le problème le plus important en philosophie: celui du SENS DE LA VIE. Pour aborder ce problème, la première étape consiste à examiner de façon critique ce que la réduction biosociale et la réduction anthropomorphique proposent. Nous ferons l'analyse de la Nature telle qu'elle est représentée dans la réduction biosociale afin de savoir ce que peut désigner ce concept. Il est essentiel en effet, si nous sommes des êtres naturels, obéissant aux lois naturelles et suivant le destin de la nature, de savoir ce que recouvre le concept de nature, puisque ce sera la nature qui définira ce que nous sommes. Le matérialisme, le physicalisme, le déterminisme constituent différentes versions de ce que nous nommons ici la réduction biosociale.

Cette réduction, si elle est plus acceptable que la réduction anthropomorphique en vertu de sa cohérence logique et de sa rationalité, constitue cependant la théorisation de notre inexistence comme humain et de notre insignifiance dans le flux d'atomes de l'univers. Il faut donc, si l'on veut affirmer l'existence de l'homme et sa capacité de décider librement, montrer les limites et les faiblesses du concept central de la réduction biosociale qui refuse de reconnaître la réalité de l'esprit immatériel et de la liberté. Cette analyse critique nous permettra, en outre, de mieux voir les relations entre l'homme et son milieu et de mesurer l'interdépendance entre l'homme et le non-humain.

Ce qui est l'objet de notre critique, c'est d'abord la représentation de la réalité essentielle et première que constitue la nature pour les matérialistes, les physicalistes et les réductionnistes. Cette représentation est un paradigme plus ou moins élaboré selon que l'on s'adresse au sens commun ou à la science. Nous utiliserons le terme «paradigme» à la suite de Thomas Kuhn qui en a fait le concept-clé pour comprendre l'évolution de la science et de Fritjof Capara, physicien renommé pour son approche peu conventionnelle de la place de la science dans la compréhension du monde. On pourra consulter ces auteurs pour en savoir plus sur les autres paradigmes dont nous ne présentons pas l'analyse ici.

Un paradigme est un modèle de représentation. C'est aussi une réalité à laquelle on se réfère pour en comprendre une autre. On peut découvrir la présence d'un paradigme en examinant le vocabulaire utilisé pour parler d'une réalité quelconque et en localisant l'origine première de ce vocabulaire. Ainsi, par exemple, si l'on entend des gens dire qu'ils sont «membres» d'un «organisme» public ayant à sa «tête» un homme célèbre, on pourra mettre à jour le paradigme du vivant servant à définir une réalité institutionnelle, sociale ou culturelle, organisée avec un chef et des participants qui lui obéissent. Le mot «organisme» désigne d'abord un être vivant, le mot «membre», les parties du corps servant à diverses fonctions, et le mot ««tête» désigne évidemment la partie du corps qui détient le pouvoir de contrôle. L'organisme est ici le nom d'un ensemble organisé d'individus; les membres sont les individus exécutant les ordres venus de la volonté dirigeante, la tête, qui désigne le «chef» ou le responsable.

Lorsque nous parlons de réalités complexes, nous utilisons sans cesse des paradigmes. Certains sont utilisés inconsciemment; d'autres, au contraire, sont construits par la raison et utilisés de façon claire et contrôlée. Certains paradigmes ont un usage limité alors que d'autres incluent des éléments indésirables tels des préjugés ou des postulats inadmissibles. C'est le cas en astrologie avec les «voyages astraux» ou en pédagogie lorsque les étudiants sont appelés «élèves» (résultat de l'élevage!). On trouve les paradigmes construits en science, comme dans la mécanique newtonienne ou la physique contemporaine; on en trouve également dans les sciences humaines: en psychanalyse, on parle de «forces»; en sociologie, de groupes de «pression». En ce qui concerne la Nature, nous examinerons trois paradigmes: le contenant, la causalité volontaire et l'authenticité.

III
LES PARADIGMES DE LA NATURE

3.1 LE PARADIGME DU «CONTENANT»

Je me promène «dans» la nature, «s'installer en pleine nature», «dans» la nature les animaux sont chez eux, etc. Combien de fois n'avons-nous pas entendu, ou dit des phrases semblables en considérant, sans nous en rendre compte, que la nature était compréhensible à partir du modèle du contenant. Ce modèle est très primitif «dans» la pensée! À partir de l'expérience du nouveau-né qui prend et retient les objets «dans» ses mains et les met «dans» sa bouche, se développe toute une série de compréhensions du monde, découlant de cette relation primitive avec le monde «extérieur» (celui qui n'est pas en «dedans» de nous).

Physiquement, on comprend facilement (parce que le modèle vient précisément de là) comment on peut placer des objets «dans» un contenant, comme une boîte ou un tiroir, ou encore «dans» les mains ou la bouche. Mais lorsque l'on réutilise le terme qui vaut si bien pour un contenant physique dans certains contextes où il est impossible de parler *littéralement* de contenant physique, nous sommes confrontés au problème de l'interprétation. Le physicien autrichien Rudolph Carnap a même pu dire que l'on devrait éliminer la philosophie (métaphysique) parce que les problèmes qu'elle pose dépendent d'un usage incorrect de la langue et qu'il est impossible de montrer ou de calculer *ce de quoi parle* le philosophe quand il utilise des termes comme: subjectivité, liberté, conscience.

Son projet n'a pas réussi mais l'intention reposait sur une perception du problème que nous posons ici[1].

Il faut donc *traduire* ce que l'on veut dire lorsque l'on parle de la nature dans des termes comparables ou identiques à ceux utilisés pour des contenants. Nous aurons l'occasion dans la seconde et dans la troisième section de ce chapitre d'examiner deux autres paradigmes spontanés, celui de la causalité personnelle et celui de l'authenticité. Par une analyse détaillée de la signification de ces modèles de représentation, nous espérons pouvoir montrer que nous ne savons pas ce qu'est la nature à laquelle on fait appel (dans notre langage et dans nos explications) pour désigner ce qu'est la réalité non construite par l'homme et déterminant les phénomènes indépendants de l'intervention humaine.

Si quelqu'un s'avisait de ne pas comprendre ou de vouloir plus d'explications que nous n'en n'avons jamais données à personne sur cette représentation, nous devrions prendre conscience de ce que nous cachons derrière des expressions qui vont habituellement de soi. Personne n'a l'idée de demander ce que nous voulons dire par «dans», en entendant: «je me promène dans la nature». Et pourtant s'il est vrai que tout est clair dans cette expression, nous devrions pouvoir en rendre compte à un philosophe! Remarquez, à l'occasion des questions naïves et parfois stupéfiantes posées par le philosophe, comme il est révolutionnaire de poser certaines questions auxquelles tout le monde pense pouvoir répondre! Les phrases habituelles que nous prononçons quotidiennement contiennent une représentation du monde et des hommes que le philosophe veut mettre au clair pour l'enrichir, la perfectionner et la purger de toutes les illusions et les erreurs qu'elle contient.

Dans la question de la définition de la nature, c'est la représentation de ce qu'est le monde, la réalité, les choses, la matière, la vie, etc. qui est en œuvre et par conséquent, la représentation de notre réalité humaine et personnelle dans le monde. Ce qui est donc recherché par le philosophe, c'est une plus grande clarté dans les idées que nous avons spontanément sur le monde. Il va sans dire que cette demande n'a pas à être satisfaite pour que le monde

---

1. Rudolf Carnap, «The Elimination of Metaphysics throught Logical Analysis of Language», *in* A.J. Ayer, *Logical Positivism*, N.Y., Free Press, 1959, pp. 60-82

continue à tourner et que les gens continuent à se comprendre. Quand un chasseur dit qu'il s'en va en pleine nature, tout le monde le comprend. Mais le chasseur n'est pas en train de faire de l'astronomie, ni de la physique, ni de la philosophie et il n'a pas à expliquer comme l'astronome, le physicien ou le philosophe veulent le faire, ce qu'est «la Nature» et l'univers «dans» lequel il se promènera! Examinons donc la représentation de la nature comme contenant pour savoir si elle nous permet de bien nous situer comme contenu/humain dans un contenant/nature.

Le contenant est une réalité découverte lors de nos premières expériences de relation avec le monde. La carotte dans la bouche après avoir été dans la main, dans le jardin, dans la terre, dans le sac. La cuisine dans la maison, dans le quartier, dans la ville, dans la banlieue, dans le comté, dans la province, dans le pays, dans le continent, dans le monde, dans l'univers, dans l'espace, dans le temps. Ces différentes expressions servent à situer les objets et les réalités moins physiques (comme un pays ou le temps) les uns par rapport aux autres.

Notre première expérience du monde vient précisément de notre arrivée dans le monde. Expulsé du sein maternel, jeté dehors pour ainsi dire, nous nous retrouvons avec la gravité, le froid, la lumière, le bruit, la faim, expériences que nous n'avions pas connues ou très peu dans le sein maternel. Et nous étions bien, à l'intérieur d'un contenant! Nous nous retrouverons ensuite dans des contenants de plus en plus grands: incubateur (pour les plus fragiles), carosse, chambre avec petite clôture, cour arrière avec clôture et barrière, quartier, classe à l'école, chambre en ville, chalet en campagne, maison en banlieue, etc. La première expérience d'arrivée au monde doit probablement être insécurisante[2]. Il ne serait pas étonnant que nous cherchions à nous trouver un substitut de ce contenant si confortable qui nous protégeait et nous identifiait comme «contenu» dans un «contenant». Nous allons donc organiser notre environnement du plus petit au plus grand et nous sécuriser en nous situant comme contenu dans des contenants tous reliés les uns aux autres.

---

2. Cf. Otto Rank, *Le traumatisme de la naissance* (1924), Paris, Pavot, 1968. Ce psychanalyste assez critiqué est un de ceux qui ont servi d'appui théorique à la vogue des accouchements «naturels».

C'est ainsi que l'on a l'impression de comprendre et d'expliquer ce qu'est la conscience en disant qu'elle est «en» nous, à «l'intérieur». Nous avons également l'impression de comprendre et d'expliquer notre rapport à la réalité non conscientielle et non imaginée mais objective (au sens de: jeté devant comme un objet) en disant que nous sommes «dans» le temps ou que nous avons à réaliser notre destin «dans» la vie ou «dans» l'existence présente.

Il est bien évident que la prise de conscience de la présence de ce paradigme ne nous permet pas de nous en passer «dans» nos discours! C'est en quelque sorte en continuant inévitablement et irrésistiblement à utiliser le paradigme du contenant que nous pouvons en interroger le sens et la portée. Cependant cette prise de conscience nous rend plus prudent et plus exigeant quant à la valeur véritablement explicative du paradigme. Ce n'est pas parce que je sais à quoi je *compare* la position de la conscience que je comprends vraiment sa position à elle. En comparant en effet le rapport de la conscience à l'existence physique au rapport des objets qui sont «contenus» dans d'autres objets plus grands, je me «réfère» à une expérience physique répétable et claire comme constituant «l'équivalent» du rapport conscience-existence physique ou conscience-corps. Je peux ainsi dire que la conscience est en relation avec le corps comme si elle était contenue en lui, à la manière des objets contenus dans d'autres objets. Mais en examinant cette analogie, on découvre qu'elle permet de comprendre ce qu'est, par exemple, la conscience, à la condition inéluctable de la considérer comme ce qu'elle n'est pas, à savoir un objet que l'on peut mettre dans un autre. L'on prétendra ensuite que la conscience n'est pas un objet mais qu'on peut la comprendre comme si elle en était un. On n'arrive pas cependant à expliquer pourquoi on peut ainsi comprendre une réalité en la considérant comme son propre opposé, la conscience étant «opposée» «essentiellement» au corps matériel et physique. En d'autres termes, on fait comme si l'on pouvait comprendre la conscience spirituelle et immatérielle en la considérant comme explicable de la même façon que les objets qui sont d'essence opposée, les objets physiques et matériels. Ce n'est qu'en maintenant cette représentation de la conscience comme objet inséré dans un autre qu'on peut prétendre possibles des opérations physiques comme: entrer et sortir de son propre corps ou voyager dans la galaxie ou dans un autre monde. Ceux qui tiennent ce langage à propos de la conscience la définissent comme une entité immatérielle et lui font faire des choses que seule une réalité matérielle pourrait faire, par exemple, se déplacer dans l'espace. Ce problème se retrouve à propos de la nature représentée comme contenant. Certaines questions et certaines croyances spontanées tomberaient d'elles-mêmes si l'on pouvait faire l'analyse critique de la définition de la nature impliquée dans ces questions et ces croyances. De cette façon, il devient possible de dénoncer des idées toutes faites et de perfectionner non seulement notre langage mais surtout les idées que nous avons de l'homme et du monde, et ce pour agir en fonction du réel objectif plutôt que du seul réel imaginaire subjectif.

Le problème qui nous intéresse ici s'inscrit donc dans l'ensemble des problèmes posés par *notre façon de nous représenter* ou de nous faire une idée des réalités et des relations qui ne sont pas physiques et observables sensoriellement. Notre conscience «dans» notre corps, notre personnalité «dans» la vie, les influences que nous avons subies «dans» notre éducation, voilà des exemples du problème qui se pose dès que l'on ne se satisfait plus des «comme si» et que l'on veut radicaliser notre compréhension. La première prise de conscience est donc que le rapport exprimé par le terme «dedans» ou «dans» ou «en», est beaucoup moins clair qu'il ne semble à première vue, spécialement lorsque ces termes servent à exprimer le rapport entre des réalités non physiques et pourtant, d'un certain point de vue, aussi «réelles» que les autres. Nous admettons l'existence de nombreuses réalités qui ne sont pas des objets, comme la vie, la conscience, la morale, etc.

Quel est donc le rapport entre l'homme et ce qui n'est pas lui? En considérant l'ensemble des hommes et ce qui dépend directement de leurs activités, comme le premier pôle de la relation, nous pouvons définir l'autre pôle à partir de l'idée d'*extranéité*[3]. La NATURE est le nom qui sert le plus généralement à désigner cette réalité qui ne dépend pas des hommes pour être ce qu'elle est ou faire ce qu'elle fait. Elle est déterminée, et bien que l'on puisse d'un certain point de vue la modifier, nous sommes d'accord pour dire que nous ne violons jamais les lois de la nature. Nous pensons généralement que la nature est déterminée même là où on ne connaît pas les lois qui la déterminent ou comment les lois connues

3. Propriété d'être étranger, extérieur.

interviennent dans certains cas. (Au sens propre évidemment, les lois «n'interviennent» pas et ne *font*, d'elles-mêmes, rien!)

En d'autres termes, quand c'est naturel ce n'est pas artificiel! La nature c'est «l'extérieur» autour de nous et ce n'est pas «humain». La nature, ce n'est pas la culture. La réalité qui ne dépend pas des hommes pour être ce qu'elle est, la réalité qui fonctionne sans l'intervention des hommes, voilà ce que l'on veut désigner par le terme «naturel». Lorsque nous voyons une bouteille de Coke dans la forêt, nous y voyons la trace de l'homme et il en est de même pour toutes les formes de l'art et de l'intelligence humaine. Un barrage de castor nous émerveille par sa ressemblance avec les produits de l'intelligence humaine. Comme nous avons le sentiment d'être un pôle de réception d'informations (nous sentons, voyons, entendons avec notre tête et avec nos sens), nous nous situons au centre de la réalité qui nous entoure et nous appelons «réel» précisément ce qui nous entoure. Nous nous situons comme contenu. Les anciens devaient même croire que le ciel était un plafond avec de petites lumières bleues qui s'allument la nuit et la terre, un plancher droit, centre du monde. Avec Galilée, Christophe Colomb, Newton et Einstein, nous avons amélioré la représentation que nous avons de notre univers, mais nous continuons, au moins dans la pensée populaire, à parler du monde comme d'un contenant. La question que certains posent parfois en témoigne: qu'y a-t-il de l'autre côté de l'univers? Cette question présuppose qu'il y a des bords à l'univers et qu'on peut se demander ce qu'il y a de l'autre «bord».

Le paradigme du contenant impliqué dans les expressions courantes et spontanées concernant notre rapport à la nature peut être précisé en examinant les *propriétés essentielles* du contenant. Pour qu'un contenant en soit un, la matière importe peu. Il peut être en métal, en verre, en bois, en plastique, etc. La dimension également importe peu. On dit que les gênes sont «dans» les spermatozoïdes aussi bien que la planète terre est «dans» la galaxie, et celle-ci «dans» l'univers. L'ordre de grandeur varie.

Ce qui semble essentiel est que le contenant ait une *dimension* (peu importe laquelle cependant) et qu'il réalise une *fonction*, à savoir: contenir quelque chose (n'importe quoi susceptible cependant d'être «contenu»). La Nature comme contenant semble être représentée selon deux dimensions. L'une est limitée par la frontière (difficile à établir exactement) entre la ville ou le «milieu» urbain et la «nature» sauvage: forêts, montagnes éloignées des villes et des campagnes. Les campagnes semblent plus «proches» de la nature vierge que les villes. L'autre dimension est infinie, sans frontières. C'est lorsque l'on dit que l'univers est «dans» la nature (parfois on considère même que nature et univers sont synonymes), que se manifeste l'idée que la nature est illimitée. En ce deuxième sens, les villes sont «dans» la nature aussi bien que les campagnes et les espaces inexplorés de notre planète.

La fonction de la nature comme contenant pourrait être traduite par les termes: englober, encercler, entourer. Cette fonction exige que le contenant soit de *même essence* que le contenu. Pour qu'un contenant contienne des réalités matérielles, il faut qu'il soit lui-même matériel, spatial, physique et limité par une dimension quantitative. (Certains physiciens peuvent calculer la dimension de l'univers, le rayon d'action déterminant la dimension). En ce sens, la fonction implique une «délimitation», une limite qui indique que les réalités contenues dans le contenant sont limitées par lui, retenues par lui, entourées par lui.

Les rapports entre les deux représentations des dimensions de la nature sont problématiques. En effet, la nature considérée comme la partie de l'espace terrestre non habitée par l'homme ou non modifiée par l'homme doit être considérée comme une partie d'un ensemble plus grand, la terre. En ce sens la nature est *contenue* dans le contenant terre. Mais celle-ci à son tour est contenue dans un ensemble plus grand, la galaxie. Et ainsi de suite jusqu'à l'univers lui-même qui sera considéré comme étant «dans» l'espace physique total, qu'on appelle précisément: la Nature. Il faudrait donc dire que la nature se trouve dans la Nature, ce qui évidemment donne lieu à des obscurités et à des malentendus. Nous examinerons pour l'instant la représentation de la Nature comme contenant total de toutes les réalités matérielles, incluant la partie de la planète Terre désignée par le terme «nature». Cette partie de la planète sera donc considérée ici comme contenu et nous réserverons notre analyse à la Nature, considérée comme contenant.

Les définitions que nous avons données jusqu'ici sont suffisantes pour la vie quotidienne. Si l'on ne voulait pas poursuivre l'analyse philosophiquement et scientifiquement, nous pourrions nous arrêter ici, la compréhension de la nature étant alors suffisante telle que nous l'avons présentée. Mais les philosophes et les scientifiques, spécialement en physique et en astronomie, ont poursuivi des recherches et tenté d'accéder à une compréhension de la réalité beaucoup plus poussée. La plupart du temps cependant, ils ont cessé leurs analyses après un certain nombre d'efforts infructueux pour «définir» la réalité et se sont concentrés sur la compréhension (ou plutôt l'explication) des phénomènes de l'univers et de la nature. Un bon nombre refuse maintenant d'utiliser le mot «nature», considérant que ce terme ne signifie plus rien ou ne signifie que des choses irrationnelles[4].

Sans vouloir réhabiliter l'idée de nature, nous pouvons critiquer la cohérence ou l'incohérence des paradigmes spontanés impliqués dans les discours tenus sur la nature, afin de montrer comment cette idée de la nature ne peut servir à comprendre la réalité et notre rapport à la réalité. L'extranéité de la nature s'exprimera alors par l'absence de définitions rationnelles de la nature et nous pourrons mieux percevoir ensuite ce qu'il en est de notre propre existence et de notre propre statut dans la réalité[5].

La nature ou l'univers serait donc l'*endroit* où nous sommes. Ce serait notre place, notre situation et nous pourrions savoir que nous existons parce que nous savons où nous sommes: nous sommes quelque part «DANS» l'univers. Cette relation de contenant à contenu est sécurisante et pour s'en convaincre, il suffit d'essayer de renoncer à l'idée que l'ensemble de ce que nous voyons et connaissons se trouve quelque part. Nous avons un tel besoin psychologique de nous situer «dans» quelque chose que l'image d'un univers qui ne serait nulle part créerait un sentiment d'angoisse insoutenable.

Nous emprunterons la forme de la critique développée par certains logiciens concernant la théorie des ensembles pour faire

---

4. À ce sujet, voir le livre de Clément Rosset, *L'anti-nature*, Paris, Gallimard, 1962; et Werner Heisenberg, *La nature dans la physique contemporaine*, Paris, P.U.F., 1973.

5. Le mot «statut» ne désigne pas ici une hiérarchie comme dans l'expression «statut social». Ce dont nous voulons parler c'est de la sorte de réalité qu'est l'homme et plus particulièrement la subjectivité humaine. Est-il comparable à un robot, un animal, une machine vivante, une chaîne ou un maillon de chaîne, une mécanique, une illusion de perception, un ordinateur organique, un hasard de l'évolution biologique, un dieu, un ange déchu, un «animal dénaturé» ou quoi encore?

l'analyse du paradigme du contenant, et en particulier les développements de Bertrand Russell. Nous ne nous référons pas à tout le contenu de cette théorie mais nous nous inspirons plutôt de l'esprit qui l'anime et des intentions qui la portent.

Si la nature englobe et encercle des éléments matériels pour les retenir et les contenir «en» elle, elle doit nécessairement avoir des «bords» matériels ayant une certaine dimension. Il y aura pour ces bords un intérieur et un extérieur, de sorte que des éléments matériels et spatiaux se trouveront à l'extérieur de la nature (ce sera le côté matériel extérieur des bords). Si l'on a défini la nature comme le contenant TOTAL des éléments matériels, contenant lui-même matériel, nous devrons dire que la nature contient tous les éléments matériels; et comme nous disons que la nature est matérielle, elle devra se contenir elle-même et plus (ou pire!) encore on dira qu'elle contient ses propres bords, incluant même le côté extérieur des bords qui devra se trouver «dans» la nature, c'est-à-dire, «à l'intérieur»! Que le côté extérieur des bords d'un contenant doive se trouver à l'intérieur du contenant, voilà qui ne doit pas être facile à imaginer!

Que la nature contienne tout ce qui est naturel et voilà que nous ne savons plus si la nature, elle, est naturelle. De même, une boîte peut-elle contenir toutes les boîtes? Une boîte qui contiendrait toutes les boîtes devrait se contenir elle-même à l'intérieur.

Une façon plus habile, mais, je le crains, guère plus efficace de s'en sortir, consiste à dire que la nature est un TOUT qui est plus que la somme de ses parties. Vérifions ce que l'on peut faire avec cet argument.

La nature «plus» que la somme de ses parties, cela peut signifier qu'elle est plus «importante». Mais cela ne nous apprend pas ce qu'elle est mais bien plutôt ce qu'elle «vaut» par rapport à ses composantes. La vie serait plus importante que les vivants, selon cet argument, et l'on comprend que derrière l'affirmation que le tout est plus que la somme des parties se cache une conception du monde fort critiquable. Les idées seraient plus importantes que les choses dont nous nous faisons une idée, les lois plus importantes que les objets qui y obéissent, les structures plus «importantes» que les éléments dans les structures (par exemple, l'ordre politique plus important que les citoyens, les écoles plus importantes que les étudiants, etc). Le structuralisme s'oriente parfois dans cette ligne de pensée, et ses adversaires les plus tenaces, les existentialistes, plaident pour l'individu, le sujet humain, la liberté, la conscience.

Ce que l'on peut, plus raisonnablement, vouloir exprimer en disant que la nature est plus que la somme des parties, c'est probablement qu'elle est DIFFÉRENTE des parties. Celles-ci seraient limitées, déterminées, alors que la Nature serait illimitée et déterminante (libre?). Mais cela signifie en clair que la nature assume une fonction physique (contenir) sans avoir ou plutôt sans être la sorte de réalité capable de contenir (puisqu'elle est différente des réalités naturelles, matérielles). Que la Nature soit donc différente des parties qu'elle contient signifie qu'elle est différente de ce qui est naturel (le contenu de la nature est ce qui est naturel) et donc qu'elle est non-naturelle, elle-même. Nous serions donc en présence d'une réalité non matérielle contenant matériellement des réalités matérielles. Cela semble encore assez difficile à imaginer.

Quelle est cette différence? Est-ce que la nature comme contenant ne serait pas matérielle et que son contenu seul le serait?

Cela signifie-t-il que la nature est plus grande mais de même essence? La nature est-elle un objet différent des autres objets qu'elle contient? Mais si elle contient matériellement c'est qu'elle est matérielle comme contenant matériel, et donc avec des bords. On a vu le problème que cela pose. Cette idée que le tout est plus que la somme des parties vient de la différence entre les parties non organisées (comme les cellules d'un vivant qu'on aurait disséquées) et le vivant lui-même constitué de ces cellules. On fait une différence entre un «amas» de cellules et le vivant «lui-même» et on dit que le tout (le vivant lui-même) est plus qu'un amas de cellules. Quelque chose de nouveau et de bien identifiable apparaît lorsque les parties sont mises ensemble et ce quelque chose serait différent des parties. Un visage qui apparaît au bout du pinceau d'un artiste est plus qu'une série de taches de couleurs ou de lignes: c'est un visage et non une série de lignes seulement. L'ensemble des taches de couleur serait donc plus que l'ensemble des taches de couleur lorsque c'est un visage que ces taches dessinent!

Pour définir la nature comme un tout différent de ses parties, et pouvoir donner un sens à l'idée que nous sommes «dedans» comme les parties sont dans un tout, il faudrait identifier ce que nous désignons par le terme «nature». Pour le visage, on comprend bien parce qu'on peut donner les caractéristiques du visage et celles des lignes et des taches de couleur. Mais on peut se demander quelles sont les caractéritiques de la nature. Si les cerises sont «dans» la tarte, je peux les enlever et les placer dans un bol. Mais si les objets matériels sont «dans» la nature et qu'il n'existe rien d'autre de matériel, je ne peux que les enlever d'un endroit pour les placer en un autre mais jamais les enlever de la nature. Si donc j'imagine la nature comme contenant qui est plus que la somme de ses contenus, je ne peux l'isoler comme réalité matérielle particulière (comme la tarte est aussi matérielle que ses contenus). Si en effet la nature est matérielle, elle-même, et qu'elle est différente des contenus, elle est un autre objet. Où est cet objet?

Quelques précisions s'imposent ici concernant la signification des mots: physique, matériel, réel. Nous utilisons en effet ces mots pour caractériser les réalités naturelles et leur importance est essentielle. Physique vient d'un mot grec *phusis* qui signifie «nature» ou «puissance de production», opposée à la volonté humaine. En désignant donc des réalités par leurs propriétés dites physiques, nous affirmons finalement que ces propriétés «appartiennent» en quelque sorte à autre chose qu'à la conscience qui les perçoit, et nous affirmons que l'origine des sensations que nous avons à l'occasion de la «présence» de ces réalités est extérieure, ou différente de la conscience. C'est l'expérience subjective de ne pas être l'auteur des sensations que nous avons ou que nous subissons, expérience qui est positivement celle d'être «affecté» (touché) par une altérité, qui nous sert de référence pour déduire qu'il y a une réalité autre que la conscience agissant sur la conscience mais sans que celle-ci ait à le décider (on ne perçoit pas ce que l'on veut percevoir). Une image produite par la conscience plutôt que «reçue» de l'extérieur constituerait une «hallucination» ou une illusion.

Le mot «matériel» désigne l'idée d'une résistance à la volonté et à l'imagination. Une réalité est dite matérielle lorsqu'elle a la propriété de ne pas dépendre de l'imagination ou de résister aux initiatives de l'homme, spécialement dans le cas de la perception sensorielle. Visible, palpable, audible, tactile, olfactif, voilà des propriétés de ce qui est «matériel» alors qu'une idée ou une représentation de la conscience ne serait rien de tout cela et ne serait donc pas matérielle. Ce sens correspond à la distinction du philosophe grec Aristote qui distinguait *la matière* correspondant au contenu et au perceptible, et *la forme* correspondant à l'essence qui n'est accessible qu'à la raison.

Le réel est ainsi fréquemment défini comme *ce qui correspond* à la dimension qui nous affecte le plus, la dimension sensible. On pensera par exemple que l'idée de couleur est moins réelle que telle couleur que je suis actuellement en train de percevoir. De même on dira que *la représentation* de la féminité est moins réelle que la femme que je tiens dans mes bras. Les catégories dans lesquelles la raison classe les réalités (comme nature et culture) semblent ainsi moins réelles que les objets que nous percevons sensoriellement. Cependant il est difficile de s'en tenir à la dichotomie simpliste entre ce qui est réel et ce qui est irréel. En effet la représentation que j'ai actuellement dans la conscience est une représentation *réelle,* que j'ai vraiment et réellement dans la conscience. Si on la compare à la sensation, cette représentation sera considérée comme MOINS réelle mais elle ne peut être considérée comme irréelle, si cela veut dire «inexistante».

La nature telle qu'on se la représente comme contenant et comme TOUT différent des parties contenues dans ce tout, n'est pas un objet que l'on pourrait placer «à côté» de ses parties ni même une réalité matérielle, physique, «naturelle» que l'on pourrait considérer comme essentiellement «différente» de ses parties. En supposant que la nature est un tout qui est différent de ses parties, on suppose encore pourtant que l'on peut considérer la nature comme étant à la fois matérielle (capable de contenir matériellement des réalités matérielles) et comme non matérielle (différente des parties essentiellement matérielles qu'elle contient). Si donc on peut comprendre comment des billes peuvent être «dans» un sac, on comprend moins bien comment une conscience peut être «dans» une tête, ou un vivant se trouver «dans» la vie. De même, malgré l'apparente clarté de l'expression «dans la nature», on ne comprend pas comment des réalités individuelles, matérielles, perceptibles par les sens, peuvent se trouver «dans» la Nature. En examinant quelle sorte de réalité serait la Nature, on découvre que si elle est matérielle, elle devrait se contenir elle-même, et que si elle n'est pas matérielle, elle ne peut pas vraiment «contenir» et que rien ne peut être «dans» une réalité immatérielle.

Plus abstraitement, le problème peut être formulé dans les termes qui ont servi à l'analyse critique de la fameuse théorie des ensembles en mathématiques[6]. Distinguant deux sortes d'ensembles: 1. ceux qui se contiennent eux-mêmes et 2. ceux qui ne se contiennent pas eux-mêmes, on peut grouper ces deux sortes d'ensembles de manière à obtenir, théoriquement, un ensemble de tous les ensembles qui ne se contiennent pas eux-mêmes. Comme il n'y a que deux sortes d'ensemble, 1. ou 2., on peut se demander si l'ensemble des ensembles de la catégorie 1. se contient lui-même ou non. La réponse pourrait être oui ou non. Cependant en examinant la seconde catégorie, on obtient des conclusions absurdes. L'ensemble des ensembles qui ne se contiennent pas eux-mêmes, se contient-il, lui, lui-même ou non? S'il ne se contient pas lui-même, il est du même genre que les ensembles qu'il contient, à savoir des ensembles qui ne se contiennent pas eux-mêmes. Étant du même genre que ces ensembles, et étant l'ensemble de ces ensembles, il se contient alors lui-même. En d'autres termes, s'il est un ensemble qui ne se contient pas, alors il se contient. Par ailleurs si on suppose qu'il se contient lui-même, il devra être du même genre que les ensembles qu'il contient, à savoir des ensembles qui ne se contiennent pas eux-mêmes. En d'autres termes, s'il se contient, il est du genre des ensembles qui ne se contiennent pas, bref s'il se contient, il en est un qui ne se contient pas! Formellement: si oui alors non, si non, alors oui. C'est un paradoxe logique qui a révolutionné la théorie des ensembles en montrant, dans certains cas, qu'elle était incohérente, et permettait des raisonnements absurdes sans violer les règles de la déduction.

Une troisième possibilité (si on tenait encore à défendre le paradigme du contenant) est de considérer la nature comme la SOMME des parties. On dirait alors que la Nature c'est... tout ce que l'on voit là devant et derrière et au-dessus et au-dessous de nous. Ou encore que la nature, c'est l'ensemble des choses observables. Pour éviter les problèmes posés dans les deux autres argumentations, on dira que la nature est la somme ou l'addition des éléments, considérés comme naturels si on peut logiquement les inclure dans l'addition. On exclura par exemple les idées, les valeurs morales, etc. Mais le résultat n'est pas plus satisfaisant ici qu'il ne l'était dans l'argumentation précédente. En effet, qu'est-ce qu'une somme? C'est une opération intellectuelle d'addition et de réunification, et le résultat d'une opération mentale ne peut pas être

---

6. Cf. Adam Schaff, *Introduction à la sémantique*, Paris, Anthropos, 1960.

une réalité physique. Il dépend de l'activité de l'homme et doit logiquement être de la même sorte de réalité que l'opération: à savoir «mentale». Une opération physique donne des résultats physiques, une opération mentale donnera un résultat mental: une somme, une addition.

Ce dont il s'agit ici, ce n'est plus de la nature réelle mais bien de *l'idée* de nature. C'est pour se faire une idée de la nature que nous la comparons à une «somme» de parties différentes. Dans la mesure où cette idée, pour avoir une valeur explicative, devrait correspondre à une réalité, il faut se demander alors si l'expression «dans» la nature, a encore un sens. En effet, nous ne désignons plus un contenant en parlant d'une «somme» effectuée par la raison humaine, mais d'une idée. On aura du mal à prétendre que les éléments naturels sont «matériellement contenus» dans une idée! Cette idée pourrait servir, à condition d'exclure la question de la réalité à laquelle elle réfère. Dans la mesure cependant où l'idée de nature inclut l'idée d'une *réalité extérieure* à la conscience, fonctionnant indépendamment de la volonté humaine, et désigne ce qui n'est *pas le produit de l'homme*, il faudrait dire que l'idée de nature désigne finalement quelque chose dont nous ne savons pas *ce* que c'est, mais seulement *comment* ça se manifeste aux hommes. La nature serait alors un inconnu et un inconnaissable et on voit mal comment on peut dire que les éléments naturels se trouvent «dans» une réalité dont nous ne connaissons rien. Il semble cependant que nous puissions reconnaître ce qui est naturel et ce qui ne l'est pas. Il faudra donc examiner les autres paradigmes qui nous servent à parler de la nature.

3.2 LE PARADIGME DE LA CAUSALITÉ VOLONTAIRE

On peut parler de la nature en utilisant un autre paradigme que celui du contenant. La propriété commune à ce qui est perceptible par les sens est la résistance à la volonté humaine. Cette propriété constitue en quelque sorte l'autonomie des choses et des événements par rapport à la volonté humaine. Celle-ci constitue une orientation consciente vers un état de chose ou un objet et cette orientation fait face à d'autres orientations (humaines ou naturelles) qui entrent en conflit ou en complémentarité. On peut (c'est ce qu'on pense sincèrement en tout cas) changer des choses et faire arriver des événements qui ne seraient pas arrivés sans nous (sans nos initiatives, pense-t-on, plutôt que simplement sans notre intermédiaire comme le clou qui n'entrerait pas sans le marteau). Mais nous ne pouvons pas faire en sorte que ce qui est ainsi maintenant, ne soit pas ainsi maintenant: ce qui m'apparaît rouge n'est pas rouge parce que je décide de voir rouge. Ce qui est naturel, c'est précisément ce qui est tel ou tel sans l'intervention de la volonté consciente des hommes. C'est ce qui se produit «tout seul» mais qui n'est pourtant pas un miracle et qui s'explique par des facteurs «impersonnels».

Comme la nature pouvait constituer un «lieu» physique total, sécurisant et englobant tout existant dans un contenant qui l'empêche de tomber de l'autre côté, dans le néant, l'infini, le sans fond, l'abîme, ainsi la nature peut aussi constituer un vis-à-vis de l'humain, l'autre réalité qui m'empêche d'être seul. Je suis avec mes instincts, mes inspirations, mes perceptions, mes sensations que je n'invente pas mais qui sont réels, de cette réalité qu'ont les autres volontés humaines par rapport à la mienne: elles s'opposent et me permettent de me poser vis-à-vis de quelque chose qui résiste à mes caprices. Ce n'est pas de l'imaginaire que je fais apparaître et disparaître mais du réel qui résiste, qui se tient solide en face de moi. Je peux ainsi affronter les objets qui me «parlent» parce qu'ils me fournissent des résistances, couleurs, formes, poids, textures, que je n'invente pas et qui sont en quelque sorte le langage que le monde me parle et qui me prouve que je ne suis pas seul. La nature devient alors une volonté non humaine qui servira de réponse à la recherche des causes d'un type d'événements non humains. Ce que les personnes n'ont pas décidé, ce sera la Nature qui l'aura décidé dans les méandres de ses forces et de ses formes.

Lorsque l'on considère, le plus souvent sans s'en rendre compte, que des réalités dites naturelles *produisent* des événements ou des phénomènes ou des objets, nous les considérons comme les auteurs et les causes productrices de ce qui arrive dans le monde ou dans l'univers. C'est ainsi que l'on dit que la Vie produit les vivants et les détermine. On dit que les planètes «produisent» de la lumière, que le radium «produit» de la radioactivité. On dit que les instincts nous «guident» ou que la nature est une force créatrice. Les mouvements et les changements observables sont généralement «expliqués» (ce mot a une signification très large ici) par la relation que l'on peut établir avec des événements antérieurs aux changements et qui accompagnent nécessairement les changements. Lorsque ces relations sont générales et stables, on induit une loi permettant de prédire les événements. Lorsque l'on veut comprendre pourquoi ce sont ces lois (particulières) qui existent, on tente de les relier entre elles et on construit rationnellement des lois générales qui rendent compte des lois particulières. Ces lois générales s'inscrivent dans une théorie qui constitue un MODÈLE DE REPRÉSENTATION que l'on conserve aussi longtemps que les contradictions et les exceptions ne sont pas trop nombreuses[7].

Dans la mesure où l'on veut relier un nombre limité d'événements les uns aux autres et que notre but est d'abord d'agir efficacement et rapidement grâce à la compréhension de la cohérence des événements et de leur rationalité, on n'a pas à poser la question de la cause *première* et originaire des événements que l'on constate dans le monde. Mais il arrive parfois que le désir de comprendre pourquoi ce qui arrive arrive effectivement, soit plus intense et surgisse spontanément et involontairement, continuant de se manifester malgré l'absence de réponses. Il se développe alors de façon indépendante de son utilité immédiate pour l'action. Beaucoup d'hommes de science considèrent que certaines de ces questions sont insolubles et qu'elles manifestent la peur, l'angoisse, l'incertitude de l'avenir, mais ne sont pas d'authentiques questions rationnelles. C'est pourtant dans ce désir de comprendre que l'on trouve des représentations qui révèlent les expériences réelles vécues par beaucoup de gens, devant la réalité déterminée qu'est la «nature», déterminismes qui sont précisément l'objet d'étude privilégié de l'homme de science.

Il est donc intéressant d'examiner ces représentations pour comprendre comment fonctionne la rationalité en milieu culturel populaire et mesurer ainsi la différence entre les paradigmes scientifiques et philosophiques et les paradigmes spontanés. Cette analyse devient encore plus intéressante lorsque l'on découvre que les paradigmes spontanés ont encore une fonction et sont subrepticement à l'œuvre dans les paradigmes scientifiques et philosophiques. En examinant les présupposés métaphysiques du langage populaire et scientifique, on découvre la présence d'un

---

7. Voir à ce sujet: T. Kuhn, *La structure des révolutions scientifiques*, Paris, Flammarion, 1983; et K.R. Popper, *La logique de la découverte scientifique*, Paris, Payot, 1978.

certain nombre de croyances concernant l'origine des choses et le déterminant fondamental des phénomènes naturels, entre autres, ce qui nous permet ensuite de mieux mesurer notre degré d'incertitude et notre aliénation devant la réalité «extérieure»[8].

Les expressions populaires les plus révélatrices de la représentation de la nature en terme de «causalité» sont celles dans lesquelles on désigne le nom de la cause ultime des phénomènes par le mot «Nature». On parle ainsi de la Nature qui «veut» ceci ou cela, de la Nature qui «produit» ceci ou cela. On se représente la nature comme une réalité distincte des autres, capable de FAIRE quelque chose et de COMMENCER quelque chose qui n'existerait pas sans son INTERVENTION ou son INITIATIVE. Pour qu'une réalité, quelle qu'elle soit, puisse faire quelque chose, ou «commencer» quelque chose, il faut qu'elle *soit* une force productive. Examinons ce qu'il en est de la nature considérée sous cet angle.

Une réalité est considérée comme une force productive lorsqu'elle possède la capacité physique de faire exister une réalité observable ou constatable. C'est à partir de la représentation de cette réalité «produite» que nous déduisons l'existence d'un producteur et de la capacité de production. Ce qui nous «apprend» que la réalité produite est véritablement *produite,* c'est, la plupart du temps, l'impossibilité d'admettre rationnellement qu'elle puisse se produire elle-même et d'elle-même. Nous posons alors logiquement un producteur qui explique que le produit dépend d'autre chose que lui-même, à savoir d'un producteur.

Une réalité peut AVOIR une force productive ou bien ÊTRE une force productive. Si elle «a» ou possède une force productive, elle est nécessairement différente de cette force qui constitue une de ses propriétés. Elle utilisera cette force pour produire, et la question qui se pose est de savoir si elle utilise par elle-même cette force, après l'avoir décidé, ou bien si elle est déterminée à l'utiliser d'une certaine façon, et alors par quoi est-elle déterminée?

---

8. Cette manière de critiquer la science et la philosophie en utilisant les méthodes de la science et de la philosophie n'est pas contradictoire. Elle caractérise un certain nombre de recherches contemporaines que l'on désigne par la particule «méta» suivi du nom de l'objet analysé: par exemple, le métalangage, la métaphysique, la métamathématique, la métathéorie. Cf. Russell, Horkheimer, Foucault, Tarski, Gödel.

Si elle «est» une force productive, on peut se demander si cette force «décide» toute seule d'agir ou de se réaliser ou bien si elle est «au service» d'une réalité différente d'elle qui l'utiliserait.

En appliquant ces considérations théoriques et formelles à la question de la nature comme force productive, nous obtenons la formulation suivante des questions qui se posent à son sujet: la nature peut AVOIR ou ÊTRE une force productive. Si elle a une force productive, on se demande si elle *décide* de l'utiliser ou bien si elle est *déterminée* (par autre chose qu'elle) à l'utiliser. Si elle *est* une force productive, on se demande si elle décide d'elle-même de se réaliser ou bien si elle est au service d'une autre réalité qui l'utiliserait en tant que force productive incapable de décider quelque chose d'elle-même. Dans le premier cas (elle a une force productive), la nature est un AGENT AUTONOME DE PRODUCTION et dans le second cas, elle est un INSTRUMENT DE PRODUCTION (elle est une force productive) et tout cela si, et seulement si on admet (ou croit) qu'il n'y a pas de réalité qui «utilise» la nature pour le premier cas, et que la nature ne peut pas «décider» d'agir par elle-même, pour le second cas.

D'une part, on ne peut pas admettre de façon cohérente que la nature est *à la fois* incapable d'agir par elle-même et qu'elle ne dépend pas d'autre chose qu'elle pour agir. D'autre part, on ne peut pas admettre de façon cohérente que la nature est un instrument et en même temps, refuser d'accepter que quelque chose doit être posé, logiquement, comme *utilisateur* de l'instrument. Les deux interprétations de l'idée que la nature *est* ou *a* une force productive sont donc opposées et ne peuvent être soutenues en même temps. Chacune cependant exige que l'on admette des propriétés d'autonomie ou d'hétéronomie que la nature, telle qu'on se la représente généralement, ne semble pas pouvoir avoir (dépendre d'autre chose ou agir par elle-même). Examinons en détail ce qu'il en est de ce second paradigme.

Comme dans le cas du paradigme du contenant, c'est dans l'expérience primitive qu'il faut chercher l'origine du modèle de représentation de la causalité volontaire comme modèle de compréhension de la Nature. Dans l'expérience de l'action volontaire (ce qui ne signifie pas libre), nous faisons, depuis la première enfance, l'expérience de *l'initiative*. Celle-ci n'existe que dans la croyance naïve et spontanée que le véritable début d'un geste ou d'une action se trouve dans la conscience et ne dépend que d'une sorte de «pouvoir» capable d'intervenir tout à coup. Le moment même de l'initiative semble sortir du néant comme si rien n'était intervenu avant que «je décide de». La réalité qui détient ce pouvoir est généralement «nommée» par un nom propre ou un pronom personnel mais n'est pas «définie» comme un objet. La représentation primitive qui s'exprime dans cette croyance qu'il existe un «je» ayant le pouvoir de commencer, à partir d'aucune influence, un geste ou une action, est le modèle du propriétaire et du responsable. L'origine des actions qui apparaissent tout à coup devant les yeux semble se situer «derrière» et, dans le cas des actions humaines, cette origine se trouve dans les images mentales «intérieures» et dans leur propriétaire, désigné par le mot «je».

Mais de quoi sommes-nous en train de parler au juste? Un mouvement physique apparaît tout à coup devant nos yeux et ce mouvement a commencé «derrière» ce que nous voyons et «avant» que nous ne le voyions. Autre chose semble donc exister qui «cause» ou produit (produire signifie: placer devant) ce que nous voyons ou constatons être en train «d'arriver». Dans le flux d'images mentales qui se succèdent (l'activité de conscience), *une rupture* survient parfois dans la continuité et elle produit une «prise de conscience» de l'activité de conscience. Cela s'exprime par des formules du genre: «*je me* rends compte que». Il s'agit d'une réflexion sur soi-même ou encore d'un dédoublement de la perception qui rend possible une interrogation par la conscience de ce qui arrive à la conscience elle-même.

Lorsque nous vivons ou expérimentons cette rupture de la continuité des perceptions, nous sommes capables d'interroger le sens et l'origine de ce que nous vivons et expérimentons. Par exemple, dans la perception d'une couleur quelconque, nous pouvons, si la rupture a lieu, nous demander pourquoi nous percevons ce que nous sommes en train de percevoir. La réponse ordinaire sera que quelque chose que nous appellerons la couleur rouge par exemple, est «là» devant nous et qu'elle nous «affecte» ou nous «touche». Nous posons alors comme réalité extérieure indépendante de nous, des objets qui sont considérés comme la cause et l'origine de notre perception.

Si nous pouvons changer la position de nos doigts ou plus radicalement changer d'images mentales (comme dans la «décision» de penser à quelque chose de précis), c'est que nous avons «en» nous un *pouvoir d'intervention* sur le cours des choses et sur le cours des événements physiques liés à notre corps. Nous poserons donc comme modèle d'explication des mouvements physiques qui ont lieu dans le monde, *l'équivalent* de ce pouvoir que nous croyons avoir et que nous constatons en toute évidence et en toute naïveté. Notre «je» comme auteur de nos gestes devient «La Nature», auteur de ce dont les hommes ne sont pas les auteurs.

Notre façon de comprendre comment un événement arrive (comme un acte que l'on pose et qui en quelque sorte «arrive») est d'abord d'admettre la réalité d'un commencement absolu. Il est possible, croyons-nous, que quelque chose arrive sans être le résultat d'événements antérieurs. À partir de cette croyance, il nous faut trouver un auteur à ce qui arrive «tout à coup» (et tout arrive toujours, en un sens, tout à coup). Nous nommons cet auteur «je» quand il s'agit d'actes posés par l'individu que nous sommes et nous en faisons une réalité capable de commencer toute seule, sans rien d'autre que son pouvoir «propre», un acte ou un geste quelconque. Ne sentant rien qui fait pression, ne voyant rien qui déterminerait nos actes sans nous, ne suivant pas le déroulement des processus qui nous conduisent à poser tel ou tel acte plutôt que tel autre, à tel moment plutôt qu'à tel autre, de telle manière plutôt que telle autre, et ne choisissant pas non plus chacun de nos actes et chacune de leurs caractéristiques, nous croyons quand même en être «l'auteur». C'est à partir de cette idée de nous-mêmes comme réalisant le concept «d'initiateur» libre d'événements qui ne dépendent que du «moi» pour arriver, que nous concevons la nature comme «auteur» des événements «naturels». La compréhension de la nature comme réalité qui «produit» par elle-même toute seule les événements dès lors appelés «naturels» dépend donc d'une compréhension de nous-même comme être libre et capable de s'échapper de la chaîne qui lie tous les événements entre eux dans un jeu de forces inextricables. Le «moi» personnel serait alors le modèle de représentation de la causalité première, et la nature constituerait le même genre de causalité que le «moi». Cette attitude «animiste» est si spontanée qu'elle marque notre langage quotidien: un clou qui ne «veut» pas tenir, une auto qui ne «veut» pas démarrer, etc. Nous cherchons notre semblable jusque dans les choses, nous cherchons à comprendre les choses comme nous pensons nous comprendre nous-même, avec le même vocabulaire, les mêmes représentations.

Les termes qui constituent les variantes de l'idée de Nature comme auteur des événements naturels sont déterminés par les sortes d'événements et la perspective sous laquelle nous les analysons. Par exemple, la Vie sera la cause des vivants, la Matière sera la cause des activités des particules de matière, l'Énergie sera la cause des dépenses d'énergie et des mouvements, le Destin sera la cause des événements perçus comme imprévisibles et inchangeables, le Hasard également, etc. Ces mots désignent des causes, des origines, des réalités déterminant d'autres réalités déterminées et qui peuvent être déterminantes à leur tour (par exemple, la Vie apparaît sur la terre «produisant» des vivants qui seront la cause des modifications de l'environnement, et qui changeront «à cause» de l'Évolution).

Nous sommes ainsi en présence de tout un réseau de relations de causalité, réseau dans lequel chaque événement est causé par un autre, puis encore un autre, jusqu'à une substance qui fait démarrer le processus, à la manière d'un «je» qui fait démarrer le processus du mouvement des doigts quand il s'agit d'un mouvement volontaire.

Ce que nous prenons pour acquis dans cette représentation, c'est que nous savons exactement de quoi il s'agit lorsque nous parlons de l'activité de VOULOIR et de DÉCIDER. Il ne reste alors qu'à comparer les changements qui ont lieu dans la nature aux changements que nous «produisons» volontairement ou au mouvement corporel que nous décidons de produire. La comparaison n'est pas toujours claire excepté dans quelques expressions toutes faites comme «c'est la vie qui veut ça» ou «la nature s'arrange pour...» etc. Cependant chaque fois que nous utilisons un verbe d'action (comme produire, faire, créer, causer) et que nous posons comme sujet ou auteur de cette action, la nature ou un terme qui lui est réductible, nous posons la nature comme réalité spéciale capable de commencer une action à la manière dont nous croyons que le «je» commence des actions.

À ce titre, la Nature est considérée comme étant elle-même une force productive, capable par elle-même d'inaugurer ou de commencer, à partir de rien d'autre, une action ou une production. Cette façon de voir nous oblige à attribuer à la nature des capacités et des propriétés qui sont celles que nous prétendons être les seuls à détenir, à savoir la liberté et la capacité de décider sans aucune détermination extérieure de faire quelque chose. Il est difficile d'imaginer une telle réalité et de la concevoir sans contradiction. Par exemple, il faudra, s'il est vrai que la Nature peut «produire» des événements et des réalités naturelles particulières, comme des astres ou des vivants, la considérer comme une réalité déterminante mais non déterminée. Elle sera l'auteur mais ne sera pas ce qu'elle est à cause d'une *autre* réalité qui l'aurait produite. La nature sera la cause *première* des événements physiques comme si elle était une Personne, libre, capable de décider et donc nécessairement capable de «savoir» pourquoi elle fait ce qu'elle fait. Il ne s'agit plus, évidemment, de la nature comme contenant passif et matériel, mais de l'équivalent d'un dieu. Il manquera à cette divine nature de pouvoir se créer elle-même, de se donner des lois en sachant pourquoi elle se les donne, de vouloir par amour ce qu'elle semble «vouloir» de fait! Bref la nature sera comme un dieu déchu, imparfait. Il devient assez clair alors que le modèle de représentation est celui d'un homme tel que nous croyons qu'il est à partir des conceptions naïves fournies par les habitudes de pensée, dans nos cultures occidentales.

Si nous considérons que la nature est plutôt un *instrument* de production qu'une *force* de production, nous sommes immédiatement renvoyés à la question de *l'utililateur* de cet instrument. Et pour nous faire une idée de cet utilisateur, nous le concevrons encore sur le modèle du «je» qui «utilise» ses membres pour produire. Ce modèle, ni plus ni moins valable en soi que le modèle du contenant ou le modèle de la «machine», nécessite une compréhension précise de la nature humaine et de sa liberté. Or ce n'est pas le cas dans le langage courant qui dépend d'une philosophie qu'on pourrait qualifier d'inconsciente et de naïve.

Pour résumer la situation, on peut imaginer la structure suivante:

Acte humain – produit par la volonté – que je contrôle.

Événement naturel – produit par les forces – que la nature contrôle.

Si c'est MOI qui suis la dernière explication de mes actes, c'est que j'en suis l'auteur, libre, capable de créer un événement qui n'existe que grâce à une décision que je maîtrise.

Si c'est la NATURE qui est la dernière explication des événements, c'est qu'elle en est l'auteur, capable de créer un événement qui n'existe que grâce à une décision qu'elle maîtrise.

LA NATURE est alors la cause productrice de ce que les PERSONNES ne produisent pas. Dans les deux cas, il s'agit d'une réalité capable de commencer quelque chose plutôt que de réalités obéissant dans une série d'enchaînements à un pouvoir extérieur à elles.

Cependant, si la liberté n'est pas autre chose que le pouvoir d'agir, il faut la reconnaître aux animaux et même aux plantes et aux objets qui ont une puissance d'action sur leur environnement: comme un chien cherche la nourriture, une plante cherche la lumière et un objet roule vers le bas de la pente suivant les directions où il ne rencontre pas d'obstacles! Si la liberté est cela, alors l'homme en a plus que les autres animaux mais elle est au service des besoins que l'homme n'a pas choisi librement et qu'il a plus ou moins l'intelligence de satisfaire: sa liberté pourrait alors augmenter avec son chèque de paye ou ses biceps ou mieux, le nombre de ses neuronnes et son quotient intellectuel. Cette liberté est celle d'un pouvoir totalement déterminé par la nature et les organisations de l'être naturel le plus complexe: l'homme et sa culture naturelle!

Cette liberté n'en est pas une qui permette d'affirmer que l'homme puisse décider de changer le cours des choses ou de maîtriser son action. Examinons le processus de plus près:

> C'est parce que je veux atteindre l'OBJECTIF 1 que je veux atteindre (comme moyen ou parce que c'est une étape essentielle)... L'OBJECTIF 2;
>
> Et c'est parce que je veux atteindre l'OBJECTIF 2 que je veux atteindre aussi, logiquement, l'OBJECTIF 3, qui est une étape essentielle;
>
> Et c'est parce que je veux atteindre l'OBJECTIF 3 que je veux aussi atteindre l'OBJECTIF 4, qui est une étape essentielle.

Et au fond, pourquoi est-ce que je veux tellement atteindre l'objectif 1? C'est parce que quelque chose en moi en a besoin, mais ce n'est pas moi qui vise cela, c'est dans la structure indépendante de ma volonté que se trouve le désir, que je n'ai pas décidé d'éprouver, d'obtenir satisfaction pour tel ou tel besoin qui est le mien sans que je l'ai choisi... (Imaginez tout ce que vous cesseriez de vouloir si vous n'aviez plus besoin d'un emploi, d'argent, d'aliments!) Les objectifs 4, 3, 2 n'ont de sens que si je veux l'objectif 1. Et celui-ci n'a, à son tour, de sens que si je l'ai décidé moi-même comme but et non comme moyen pour un autre but, qui ne peut avoir de sens que si je l'ai décidé comme but...

C'est l'appropriation des buts que je suis en train de viser AU FOND qui me permettrait de prétendre que c'est MOI qui veut atteindre ce but et non qu'il est un but INSCRIT dans mon organisation physiologique, psychologique, sociale, etc.

3.3 LE PARADIGME DE L'AUTHENTICITÉ

On utilise fréquemment l'adjectif «naturel» pour désigner ce qui est «vrai» et qui existe le plus. En percevant ainsi le naturel comme supérieur à l'artificiel, ou encore le spontané comme supérieur au prémédité, nous nous exprimons à partir d'une croyance qu'il faut mettre en évidence et qui concerne ce que nous semblons attendre de la nature ou de la réalité non contrôlée par l'homme.

Examinons les usages les plus fréquents du terme «naturel». Il s'agit rarement d'un jugement objectif mais plutôt d'une sorte de «confiance» en ce qui ne dépend pas de la raison, du calcul et des décisions humaines. Un diamant naturel est-il vraiment objectivement plus beau, plus brillant, plus fascinant qu'un «faux» diamant. Plusieurs personnes se sentiraient «trompées» si elles apprenaient que ce qu'elles croyaient être un vrai était un faux. Cela ne pourrait signifier cependant autre chose que: croyant qu'une réalité avait été produite par la nature, elles découvrent qu'elle a plutôt été fabriquée «artificiellement» par le travail humain. On pourrait penser qu'il pourrait y avoir là un avantage, par exemple, l'occasion d'apprécier l'intelligence et l'habileté humaines. Mais ce n'est pas cela qui se passe le plus généralement. On se comporte comme si la nature faisait de «vraies» choses et que l'homme, lui, faisait des choses «artificielles», fausses, trompeuses. En admettant que deux diamants aient exactement la même apparence, qu'ils soient exactement du même prix, que personne excepté vous ne puisse savoir que l'un des deux est le résultat du travail humain (excepté la taille qui serait le résultat du travail humain dans les deux cas), lequel la plupart des gens choisiraient-ils?

Pourquoi ce mépris envers les fleurs en plastique, les fruits en cire, les imitations de bois, etc? Il semble que plus le produit artificiel ressemble au produit naturel, plus il est appréciable, comme si ce que fait la nature était objectivement le plus appréciable, et surtout ce qu'elle fait sans l'intervention de l'homme.

Lorsque des gens s'approchent d'un vase de fleurs sans se rendre compte qu'elles sont en plastique et qu'ils veulent toucher les fleurs, ils sont généralement offusqués de se faire prendre à des imitations. Il semble donc que nous ayons pour la nature une sorte de respect (dont on peut se demander comment il peut être justifié) et une sorte de confiance (dont on peut se demander comment elle peut la «mériter») qui révèlent peut-être une attitude que nous avons devant la réalité autre que l'humain et que nous arrêtions pour ainsi dire à la première surface de cette réalité: celle des éléments naturels indépendants de la volonté humaine.

Un exemple de nature psychologique illustrera l'évaluation finalement étrange que nous faisons du «naturel». Il s'agit de la mère naturelle par rapport à la mère adoptive. De nombreux enfants ayant perdu leur mère naturelle sont adoptés par des parents volontaires. Cette adoption est rendue possible et est organisée dans différentes cultures. Le hasard intervient beaucoup moins dans la mesure où les parents ne choisissent pas nécessairement librement mais en fonction de leurs intérêts, de leurs convictions, de leur éducation, etc., quel enfant ils accepteront. Une fois cette procédure effectuée, l'amour et l'attention que reçoit l'enfant sont presque impossibles à différencier de ceux de la «vraie» mère. Mais qui est la «vraie» mère? Une femme qui consacre sa vie à un enfant? Celle qui l'a mis au monde? Celle qui l'aime? Une femme qui n'a pas porté un enfant dans son ventre peut-elle avoir pour un enfant un amour maternel? Il semble bien que oui. Or, il arrive, et fréquemment, que des enfants et des adultes, découvrant que leur mère n'est pas la mère naturelle, aient une certaine nostalgie et parfois même de l'agressivité et de la rancune. La croyance porte alors sur le fait que c'est la «vraie» mère qui «devrait» aimer son enfant et que la mère adoptive constitue un remplacement finalement artificiel et trompeur. Malgré l'amour porté à un enfant adoptif et les avantages «objectifs» de l'adoption, il semble que plusieurs ont la nostalgie d'un rapport plus «naturel» même si le rapport «artificiel» est rationnellement plus avantageux. Il en va de même pour les mères célibataires que l'on essaie de convaincre de laisser leur enfant et qui, malgré toutes les raisons convaincantes, préfèrent parfois suivre ce que l'on serait tenté d'appeler leur «instinct maternel». Beaucoup de gens apprécient (sans nécessairement l'approuver) ce qui est pour eux un «courage», celui en l'occurence de suivre un instinct «naturel» contre toutes les rationalisations et toutes les inquiétudes. On voit mal comment, cependant, on peut justifier une telle soumission irrationnelle à un instinct biologique, alors que par ailleurs, on trouvera un nombre incalculable de raisons de ne pas suivre d'autres instincts tout aussi forts et biologiques, comme l'instinct sexuel, l'agressivité, etc. Il semble que ce qui permet la survie pacifique de la race humaine soit acceptable et que tout ce qui la menace soit inacceptable, comme si la survie de la race était un objectif absolu. (Un fou pourrait se demander si la disparition de la race humaine dans l'univers serait une si grande catastrophe et pour qui au juste; cette objection folle à l'idéal de la survie de l'espèce vaut également pour la survie des individus).

Revenons à notre exemple de la mère adoptive. La croyance est que ce que la nature (ou ce que quelque chose de non organisé par l'homme, appelé «nature») produit est plus authentique, vrai, satisfaisant, réel que ce qui est le résultat de la débrouillardise de l'homme. Nous semblons attendre de la réalité indépendante de la volonté humaine quelque chose que l'homme ne peut donner et qu'il ne peut que remplacer. Un peu comme quelqu'un qui désirant recevoir un cadeau, ne voudrait pourtant pas forcer une autre personne à le lui donner et n'irait pas non plus, se l'acheter lui-même. Il veut le recevoir sans avoir à le demander. L'imprévu (autre nom pour le spontané) semble définir à la fois l'aspect positif et l'aspect négatif de notre rapport à la nature. Il est bien certain que si nous intervenons pour arranger les choses, nous avons plus de chance de les avoir à notre convenance mais alors, les choses sont artificielles. Si nous prenons le risque d'attendre la nature, les choses seront moins garanties mais tout sera plus «naturel», plus authentique. Les interventions de la culture semblent dépendre du degré d'insécurité que nous subissons. Plus nous avons peur d'être détruits par les caprices de la nature, plus nous nous en protégeons en intervenant contre elle à partir de ce que nous pouvons en contrôler. L'homme étend ainsi sa domination sur le hasard.

Ceci est à son avantage immédiat et physique, individuel et collectif à court et à long terme. Mais un résultat inattendu se manifeste. Ce résultat est comparable à celui que produirait la découverte que les cadeaux que nous avons reçus nous ont été offerts par politesse, par peur de notre réaction, par calcul, etc. Cette découverte, à coup sûr, nous décevrait. La réaction serait alors peut-être de renoncer à attendre des cadeaux véritablement offerts par amour pour nous. Mais comme nous avons besoin de recevoir, tout en craignant de dépendre des autres, nous pouvons avoir la réaction que les hommes ont eu depuis toujours devant la nature: prendre soi-même et s'arranger pour obtenir ce que l'on veut avoir. Il est bien évident alors que nous ne recevons plus vraiment quelque chose mais que nous le prenons. Le résultat sera encore plus décevant. Une nostalgie pourra s'emparer de nous, nous amenant alors à être presque déçus de nos propres victoires et de nos propres gains sur le hasard. Les gens qui renoncent au confort pour partir à l'aventure veulent prendre le risque de ne plus avoir de confort pour mieux profiter des hasards et mieux apprécier ce qui arrive sans que nous l'ayons «organisé». La fuite des avantages de la culture technologique au profit de la simplicité plus difficile de la vie en nature est dans la même catégorie d'expérience. Les croyances dans l'astrologie et les signes de la main maintiennent le «suspense» de ce qui va nous arriver par la voie du mystérieux destin.

Ceux qui s'abandonnent ainsi au destin, au hasard, à la nature capricieuse et généreuse, imprévisible mais aussi sans intention cachée, cherchent l'expérience non pas de la dépendance mais de la «réceptivité». Ils ne veulent pas *prendre* ce qui a de la valeur seulement lorsque «reçu» sans manigance et sans calculs égoïstes. La nature ainsi se présente à l'imagination comme la donatrice honnête et authentiquement généreuse. Nous nous sentons alors par rapport à la nature comme devant notre propre mère, celle qui nous «donne» la vie et nous nourrit en nous fournissant tout ce dont nous avons besoin pour vivre.

La Nature, selon ce paradigme, est une réalité fondamentale, ultime, dernière, qui est pressentie comme ce qui est vrai et authentique, comme un sentiment peut être vrai et authentique, c'est-à-dire ne répondant pas à un besoin mais offert par pure liberté d'appréciation.

Il est d'ailleurs étonnant de voir comment le sentiment amoureux ressemble à celui que plusieurs éprouvent devant la nature. Désirant que l'amour que quelqu'un nous porte soit libre plutôt que conditionné par nos avantages et notre apparence, nous désirons pourtant qu'il ne soit pas calculé, réfléchi, raisonné, prévu, décidé, pourtant tous nécessaires pour que l'on puisse vraiment parler de liberté. Soupçonnant alors que l'amour que quelqu'un nous porte puisse être moins sincère qu'il ne le semble, nous pouvons toujours espérer plus de vérité sur la valeur de cet intérêt, que la simple *croyance* qu'il nous aime pour nous-mêmes. Lorsque nous attendons un tel intérêt nous attendons d'être personnellement (plutôt que psychologiquement ou physiquement) aimé. Or la nature se présente comme capable d'un tel intérêt si nous la concevons comme la cause de tout ce qui arrive et nous arrive personnellement. Le plaisir que nous éprouvons parfois de simplement exister «passe» par des événements qui nous arrivent comme à partir d'une source fondamentale qui nous «visait» (dans le coup de foudre, c'est un peu cela qui se passe)[9].

Ce troisième paradigme constitue une évaluation de la nature comme réalité symbolique. Il ne s'agit plus de définir ce qu'est la Nature purement et simplement mais plutôt de la situer dans une échelle de valeur en utilisant une caractéristique essentielle: son altérité. La nature n'est pas le social, ni le culturel, ni le politique. C'est quelque chose de plus étranger à l'humain, étranger aux volontés et aux désirs humains, étranger aux calculs et aux machinations des humains. La nature représente ce qui est «honnête» parce que non fabriqué «exprès». Elle est comme un animal fidèle qui n'a pas d'intentions mesquines et égocentriques. La nature représente dans ce paradigme de l'authenticité ce qui est insoupçonnable, qui ne peut nous en vouloir et qui est donc finalement «innocent». Et c'est probablement le mot clé: l'INNOCENCE des processus naturels qui ne peuvent être coupables de rien de ce qui en dépend. Une réalité fondamentale expliquant les événements et qui ne serait susceptible d'aucune accusation en vertu d'une innocence essentielle, voilà de quoi rêver d'un monde sans méchanceté, sans condamnation, sans mesquinerie et sans «calcul» égoïste. La Nature authentique, la nature comme modèle de ce qui est vrai, honnête, sincère, franc, fidèle, constant et fiable, c'est la nature devenue le symbole de CE que cherche l'homme à travers ses espoirs: l'apaisement final. L'ambiguïté de cet apaisement (c'est aussi la mort, la fin de la différenciation humain/non-humain, la fin du combat contre les vices indéniables aussi de la nature) explique pourquoi les partisans de la nature comme modèle ne réussissent pas à convaincre tout le monde. La

9. Cf. G. Lane, *À quoi bon la philosophie?*, Montréal, Le Préambule, 1982.

nature, c'est aussi en effet la violence, la sécheresse, la famine, les ouragans, les maladies génétiques ou autres, l'instinct aveugle, etc. L'amour inconditionnel de ce qui est «naturel» risque de mener la planète à la ruine en peu de temps! Au même rythme d'ailleurs que si nous ne maîtrisons pas la technologie et la pollution humaines!

IV
LA CONNAISSANCE ET L'EXPÉRIENCE DU RÉEL

4.1 FONCTIONS CULTURELLES DE LA SCIENCE

Au moment d'entreprendre une analyse critique de notre perception et de notre compréhension spontanée du monde, nous en avons déjà une «compréhension». Celle-ci résulte des expériences que nous accumulons tout au cours de nos rapports quotidiens avec la réalité, et les «théorisations» que nous ajoutons à ces expériences résultent de l'influence du langage ordinaire que nous entendons et que nous apprenons par imitation.

Pour se libérer des croyances naïves et des affirmations apprises (plutôt que confirmées par des «preuves» et des arguments), la réaction des contemporains est de se tourner vers ceux qui apparaissent détenir le savoir, la connaissance, la vérité. Les sciences de l'homme aussi bien que les sciences physiques, dites «sciences exactes», sont pourtant fort décevantes. Non seulement on pense souvent que la science avec ses «progrès» est responsable de nombreux problèmes sociaux, comme la guerre, la pollution, le chômage dû à la technologie, la consommation, etc. mais également, comme le dit un homme de science lui-même:

> «L'une des causes de la stagnation scientifique c'est qu'au fond la science a oublié sa vocation première [...] qui était de nous faire comprendre la réalité. Et c'est là que se manifeste peut-être le plus visiblement le caractère illusoire du progrès scientifique [...]. Pour avoir oublié cette conception ontologique de sa nature

> et de son but, la science a sombré dans l'espoir futile de décrire exhaustivement la réalité, en s'interdisant de la «comprendre»[1].

Et René Thom conclut, à la suite de plusieurs autres hommes de science qui ne «devaient» rien à la philosophie:

> «Qui pourrait nier que les seuls problèmes réellement importants pour l'homme sont des problèmes philosophiques? Mais voilà les problèmes philosophiques, étant les plus importants, sont aussi les plus difficiles[2].»

Plus récemment, un philosophe français qui a étudié la physique reconnaissait ce même refus de la science, et non seulement des sciences physiques, d'affronter les problèmes essentiels et il comparait l'homme de la rue à un homme qui essaie, avec des gants de boxe, de jouer sur un piano dont les touches sont fabriquées par la science pour être de plus en plus petites!

> «Et on a l'impression quand on fait de la physique – j'en ai assez fait pour le savoir – qu'on ne pose jamais dans un cours de physique la question: «Mais qu'est-ce que le monde, qu'est-ce que le réel?» et pourtant, moi, j'étais venu dans cet amphithéâtre pour savoir ce qu'était le monde. Mais non la question ne se pose jamais parce qu'elle est trop énorme[3].»

Évidemment, cette déception suppose qu'on ait le désir de savoir et de comprendre et qu'on fasse plus que se soumettre aveuglément aux informations apprises dans les cours de science ou dans les manuels de science. Il faut un certain dynamisme de l'esprit qui pousse l'individu vers le dépassement de son contexte immédiat et quotidien d'expériences. C'est l'ouverture d'esprit, la soif de savoir que Fernand Séguin appelle «le feu sacré» de la connaissance.

Ce qui pousse fréquemment quelqu'un vers la science ou vers la philosophie, c'est une expérience imprévisible, soudaine et plus ou

---

1. René Thom, «La science malgré tout...», *in Encyclopædia Universalis*, Paris, Universalis, 1973, tome 17, p. 17.
2. René Thom, *Idem*, p. 10.
3. Michel Serres, «Matière et matière», *in* Collaboration, *La matière aujourd'hui*, Paris, Seuil, 1981, p. 235. Signalons une exception intéressante: Bernard d'espagnat, *À la recherche du réel (Regard d'un physicien)*, Paris, Villars, 1979.

moins intense, plus ou moins positive aussi, devant la réalité et devant soi-même. Ce peut être l'étonnement comme chez Aristote qui en faisait le début de la philosophie. Ce peut être aussi l'angoise devant l'absurdité des choses, des hommes et de soi-même parmi ces choses et ces hommes. Dès que l'on découvre que ce que l'on fait ne sert à rien, ne mène nulle part, n'a pas été voulu par nous mais est inévitable, dès ce moment, on veut généralement comprendre pourquoi, comment. Dès que l'on découvre que les choses «fonctionnent» selon une certaine régularité et que l'on est intéressé à les utiliser ou à les modifier ou à les contrôler, dès ce moment on est attiré par la science. Et c'est ensuite pour comprendre ce que nous faisons comme être conscient et pensant dans le monde des choses que la science intervient dans sa dimension «humanisante».

Dans la mesure où le besoin de connaître devient l'occasion de plaisir et de satisfaction, la science et la philosophie constituent le résultat d'un besoin humain plus ou moins intense selon les individus et les circonstances. Ce besoin, lorsqu'il est développé à un degré très supérieur au degré habituel, produit des idées et des explications infiniment plus complexes et poussées que celles dont nous avons besoin dans notre vie quotidienne; c'est aussi l'exigence de comprendre le monde à différents degrés et selon différentes orientations qui explique la complexité de la science et sa difficulté d'accès à la masse populaire. Le pouvoir de la science sur les choses est confirmé par le succès de la technologie et ce succès, à son tour, est le témoin de notre intérêt à maîtriser et à utiliser le monde. Ce pouvoir cependant, contrairement à ce que pensent la majorité des gens, n'est pas synonyme de «vérité» mais d'efficacité d'une certaine manière de voir les choses et de les expliquer. D'autres manières sont possibles et rationnellement valables et pourraient aider l'homme à combler des besoins plus «profonds», au plan par exemple du sens de la vie, mais elles sont peu valorisées par la société actuelle, plus consommatrice de produits industrialisés que de «culture».

Dans la mesure où la culture est la tentative de se différencier de la matière inerte et des autres animaux qui obéissent aveuglément à leurs instincts, dans cette mesure, la culture, c'est l'humanisation de l'homme. La spécificité des humains semble être globalement de se distinguer des autres animaux. La culture est le développement de la pensée et de la connaissance; ce développement est indispensable à la satisfaction des besoins les plus élevés de l'homme et même des autres besoins secondaires qui profitent tout autant de la rationalité. En d'autres termes: plus on comprend, plus on a de chance d'être efficace pour satisfaire nos besoins les plus grands et les plus petits. Or *comprendre* est un objectif qu'on peut viser à plusieurs degrés et qu'on peut réaliser à plusieurs degrés. Il y a entre la culture et la connaissance un lien essentiel. La culture, c'est déjà la connaissance générale qu'on peut avoir des grandes œuvres de l'humanité: art, musique, peinture, architecture, littérature, histoire des grands hommes politiques etc. Mais c'est aussi le travail qui change la nature, qui l'adapte à nos besoins, qui modifie l'état des choses, sous la volonté et les désirs humains: la culture des champs, c'est-à-dire l'agriculture. C'est enfin le mode de vie quotidien, ordinaire, habituel dans lequel s'expriment nos croyances, nos convictions, nos habitudes apprises de nos ancêtres; c'est le milieu de vie avec les objets qui résultent des découvertes et de l'intelligence inventive de l'homme: la technologie. Dans ce milieu culturel, on trouve les modes de satisfaction des besoins essentiels déjà présentés au premier chapitre: alimentation, habitation, langage, reproduction, etc.

Il n'est donc pas étonnant que pour comprendre la place de l'homme dans la nature et la culture, on s'interroge sur les connaissances qu'il a développées sur le monde. La science et la philosophie sont le témoin, la preuve que l'homme peut non seulement faire quelque chose mais le penser et lui donner un sens. C'est en poussant la réflexion philosophique un peu plus loin que l'on peut voir comment la culture comme connaissance est une voie de libération et d'épanouissement pour l'homme. Une des façons privilégiées, sinon indispensables, d'être quelqu'un plutôt que rien, c'est l'ouverture à la «connaissance». Il faut vouloir apprendre, comprendre, savoir, connaître parce qu'il y va de notre réalité comme être rationnel. On connaît bien les arguments en faveur de la connaissance scientifique lorsqu'il s'agit de progrès techniques ou d'améliorations des conditions de vie. Mais ces arguments concernent davantage la satisfaction des besoins de l'homme comme animal qui craint de souffrir et qui organise sa vie autour de l'exigence de la survie et du plaisir de vivre. Plusieurs chercheurs pensent cependant que le plus important n'est pas le résultat technique de la connaissance, malgré qu'il ne soit évidemment pas à dédaigner, mais qu'il s'agit plutôt du projet de l'homme de se libérer de l'ignorance et de l'illusion afin de devenir autre chose qu'un pur animal vivant pour survivre sans savoir pourquoi. Le désir de savoir et de comprendre «objectivement» la réalité portera d'abord sur ce qui est le plus près de soi mais rapidement, selon l'intensité de ce désir, c'est l'essentiel de la réalité qui devient l'objet à comprendre sous ses formes les plus fondamentales: la nature, la culture, la société, l'univers, la matière, le monde, l'histoire. Il n'est donc pas étonnant que ceux qui se laissent accaparer et enfermer dans les horizons étroits de leurs besoins immédiats et quotidiens (conditionnés de toutes parts par l'idéologie de consommation et de plaisir) opposent comme première critique à ce désir (qui occupe certains philosophes, certains hommes de science ou le simple citoyen cultivé ou curieux de comprendre), celle de son inutilité.

Il vaut la peine de citer ici au complet une page fort intéressante de celui dont la réputation intellectuelle est sans aucun doute la plus répandue du XXe siècle, Albert Einstein:

> «Un des mobiles les plus puissants qui poussent vers l'Art et la science est le désir de s'évader de l'existence terre à terre avec son âpreté douloureuse et son vide désespérant d'échapper aux chaînes des désirs individuels éternellement changeants. Il pousse les êtres aux cordes sensibles hors de l'existence individuelle, vers le monde de la contemplation et de la connaissance objective. Ce mobile est comparable au désir ardent qui attire le citadin hors de son milieu bruyant et confus, vers les régions paisibles des hautes montagnes, où le regard glisse au loin à travers l'air calme et pur et caresse les lignes paisibles qui paraissent créées pour l'éternité. Mais à ce mobile s'en ajoute un autre, positif. L'homme cherche à se former, de quelque manière adéquate, une image du monde simple et claire, et à triompher ainsi du monde du vécu, en s'efforçant de le remplacer dans une certaine mesure par cette image[4].»

Cette perception des motivations de la recherche scientifique est fort individualiste dans la mesure où elle néglige totalement le rapport de l'homme de science aux autres hommes qui, souvent, souffrent en silence en attendant que les meilleurs éléments de la société mettent leurs capacités au service de la collectivité. Certains

---

4. Albert Einstein, *Comment je vois le monde*, Paris, Flammarion, 1958, p. 139.

sont conscients du rôle «humanitaire» de la connaissance scientifique. Aussi un prix Nobel de chimie, dont le livre a fait, il y a quelques années, beaucoup de bruit, a relié le projet socialiste à la valorisation de la science comme source des valeurs:

> «Où donc retrouver la source de vérité et l'inspiration morale d'un humanisme socialiste réellement scientifique sinon aux sources mêmes de la science, dans l'éthique qui fonde la connaissance en faisant d'elle, par libre choix, la valeur suprême, mesure et garant de toutes les autres valeurs [...] L'ancienne alliance est rompue, l'homme sait enfin qu'il est seul dans l'immensité de l'Univers d'où il a émergé par hasard. Non plus que son destin, son devoir n'est écrit nulle part. À lui de choisir entre le Royaume et les ténèbres[5].»

L'idée est assez simple et on pourra la vérifier dans notre vie quotidienne. Quand on ne comprend pas, ou qu'on comprend mal ou pas assez, on risque plus de se révolter, de se déprimer, de recourir à des moyens plus nuisibles qu'utiles, de fuir et de perdre le pouvoir de maîtriser sa vie et les événements. Il devient donc important de comprendre, de savoir comment vérifier si on a compris, de savoir comment faire partager ce qu'on a compris et de savoir développer les moyens nécessaires pour comprendre toujours mieux. C'est précisément ce que devrait offrir le milieu scolaire et ce que devraient aller chercher les étudiants. C'est précisément ce qui motive l'homme de science et n'importe quel individu ouvert sur le monde. Il n'est certes pas nécessaire de devenir homme de science ou philosophe pour être heureux mais il est nécessaire d'avoir un minimum, de progresser à son rythme vers une meilleure connaissance de soi, du monde et des autres à la fois semblables et différents, ici et ailleurs, maintenant et autrefois.

On peut envisager «l'utilité» de la démarche scientifique de trois manières différentes: la *productivité technologique*, *l'évasion* et la *libération sociale*. Ces justifications de la science sont cependant toutes les trois critiquables, d'une part, et toutes les trois incomplètes, d'autre part.

La production technologique est fort contestable du point du vue de ses effets sur le bien-être total des hommes. Son progrès est évident et impressionnant mais il s'agit d'un progrès du pouvoir de

5. Jacques Monod, *Le hasard et la nécessité*, Paris, Seuil, 1970, pp. 194-195.

l'homme de transformer les éléments «bruts» de la nature et non pas d'un progrès absolu qui n'aurait pas d'effets secondaires négatifs tels la pollution, la dégradation de l'environnement, le stress du mode de vie axé sur l'usage systématique de technologies psychologiquement difficiles à tolérer, les dangers pour la santé et la sécurité de la mécanisation de la production industrielle, etc. Certains croient que le problème est celui de l'adaptation humaine à ce progrès et non pas le progrès lui-même. C'est le cas par exemple de Alvin Toffler[6] et de plusieurs sociologues qui proposent des stratégies individuelles et collectives qui nous permettraient de faire face avantageusement aux années 2 000. C'est ce qu'on appelle: la prospective. Contre cet optimisme en faveur de la modernité, on trouve des résistants et des contestataires de toute sorte, à partir des hippies, des naturalistes, des partisans du «retour aux sources», des «nostalgiques» du paradis perdu comme Jean-Jacques Rousseau. C'est ce qu'on appelle «l'anti-modernité». Celle-ci a des effets secondaires également négatifs. On se prive de certains services techniques, on risque la maladie, des accidents, des souffrances de toute sorte, etc. En se limitant à ce que la nature peut «offrir», on se soumet également, si on ne la critique pas, à tous ses caprices et à certains aspects «inhumains» de son fonctionnement. La «contre-culture» n'est pas la libération totale et définitive que certains veulent nous offrir dans toute leur bonne volonté et leur naïveté. Plusieurs sont conscients de l'absurdité du développement technologique utile aux producteurs et aux vendeurs qui tiennent à faire de l'argent pour acheter les produits technologiques vendus et produits par d'autres pour faire de l'argent...! De la brosse à dents électrique (le distributeur automatique de pâte à dents) jusqu'au plus sophistiqué des appareils qui facilitent certaines opérations quotidiennes que personne ne tenait à simplifier davantage tant elles étaient déjà simples, on nous fournit chaque jour de nouveaux moyens de satisfaire des besoins déjà satisfaits ou que nous n'avions pas! Devant cette situation, nombreux sont ceux qui, devenus méfiants devant les tentatives omniprésentes de manipulation (publicitaire entre autres) cherchent quelque chose à quoi s'accrocher et digne d'une confiance aveugle, absolue et définitive. Ceux-ci cherchent à s'accrocher parfois au

---

6. Alvin Toffler, *Le choc du futur*, Paris, Gonthier, 1971, Collection Médiations, p. 477 ss.

«naturel» comme des fanatiques à un gourou. Entre le comportement des «jeunes libérés» de la société de consommation et celui des «bourgeois» des édifices à bureau, je ne vois pas la différence entre le bonheur et le malheur mais entre deux situations également déprimantes[7].

L'évasion comme motivation à étudier le monde par la science est également une justification criticable dans la mesure où la connaissance exacte exige des efforts difficiles à maintenir et dans la mesure où cette connaissance implique, pour être scientifique, précisément le contraire d'une évasion, à savoir la vérification et la confrontation avec les faits et avec les autres explications des faits que sont les théories opposées. Les relations avec le monde et avec les hommes sont donc indispensables pour établir une connaissance de qualité scientifique et ainsi «l'évasion» est un «avantage» secondaire et artificiel de la science dans ses effets psychologiques. Ce qui conduit l'homme de science à construire une vision du monde unifiée et cohérente, c'est, pour Einstein, la volonté de «triompher du monde du vécu». Ce monde est, en effet, rempli de complexités, de contradictions, d'apparences et l'enjeu de la connaissance objective est précisément de dominer par la pensée les faits bruts qui demeureraient absurdes sans l'intervention de la rationalité. Cet objectif de la science est différent de l'objectif de plaisir psychologique (l'évasion) mais il exigerait lui aussi d'être référé à un objectif plus fondamental qui donnerait un sens à l'objectif du savoir lui-même[8].

Afin de comprendre ce qui pourrait contribuer à la réalisation de l'humanité de l'homme dans la connaissance du monde, il faut donc examiner attentivement ce qui motive l'homme de science qui se consacre précisément plus intensément que la majorité des hommes à cette connaissance. On sait bien, intuitivement et par conviction «culturelle», que la connaisance vaut mieux que l'ignorance mais on réduit assez généralement les raisons qui motivent la connaissance (ou la démarche pour connaître) à des objectifs *pratiques* ou à des pulsions *psychologiques* (comme la curiosité par exemple). Mais il s'agit là de motivations qui ne

---

7. On pourra consulter les textes classiques de la contre-culture comme Theorod Roszak, Charles Reich, Herbert Marcuse.

8. G. Lane a analysé ces objectifs radicaux pour la philosophie dans: *À quoi bon la philosophie?*, Montréal, Le Préambule, 1982.

distinguent pas radicalement l'homme de l'animal, dans la mesure où les animaux sont également curieux (à leur façon) et ont besoin comme nous de «connaître», par exemple, par l'odeur de la nourriture, certaines propriétés utiles de leur environnement. La différence semble survenir au moment où l'homme veut connaître toute la réalité en misant sur la connaissance des lois universelles ou des propriétés universelles et lorsqu'il veut connaître *objectivement*, c'est-à-dire, de manière à pouvoir mettre tous ses semblables d'accord sous la tutelle de la *raison*[9].

La troisième justification de la science est la libération sociale[10]. Bien que les hommes de science ne se préoccupent généralement que fort peu des questions de politique, de psychologie et de morale, plusieurs sont convaincus que leur travail n'a pas de sens ailleurs que dans ces trois dimensions de l'existence. Même si les résultats et la connaissance scientifique n'ont généralement pas de rapport avec la morale ou la psychologie du chercheur, l'activité même de la recherche est dépendante de considérations politiques et morales. Dans les sciences humaines, le problème est particulièrement important: en sociologie, en histoire, en psychologie, en anthropologie[11], on peut se demander sans cesse si les descriptions et les jugements portés sur les réalités étudiées ne sont pas l'expression de notre *manière* de penser et de nos préjugés plutôt qu'un travail objectif d'analyse et d'explication. On peut également se demander si les buts visés par ces sciences sont des connaissances *objectives* ou plutôt des manières subtiles et détournées de *maîtriser* les réalités étudiées, au service de nos convictions les plus «évidentes» et les moins soumises à la

---

9. L'analyse des conditions nécessaires de l'objectivité est un problème d'épistémologie qui a fourni une littérature très abondante. On pourra consulter: Harold I. Brown, «L'objectivité de la connaissance dans les sciences et les humanités» *in Diogène*, 1977, p. 97.

10. Cf. Gérald Holton, *L'imagination scientifique*, Paris, Gallimard, pp. 416-450.

11. Cf. Max Weber, *Essai sur la théorie de la science*, Paris, Plon, pp. 399-477; Alain Touraine, *La voie et le regard*, Paris, Seuil, 1978; Paul Veyne, «La métamorphose de l'histoire» *in Encyclopædia Universalis, Supplément I*, Paris, 1980, pp. 31-40; Claude Lefort, *Les formes de l'histoire*, Paris, Gallimard, 1978.

Tout un groupe de philosophes allemands de l'après-guerre s'est intéressé à ce problème. On les désigne sous le nom de L'école de Francfort. Les plus connus sont Horkheimer, Adorno, Marcuse, Habermas.

critique, ou encore au service des intérêts de notre milieu de vie et de ses dirigeants (connus et cachés). Ce soupçon adressé fréquemment aux sciences humaines, et souvent par des chercheurs en sciences humaines eux-mêmes, est celui de «l'idéologie».

Dans les sciences dites «exactes», on retrouve plus subtilement le même soupçon. La découverte «scientifique» de la bombe à neutron est-elle un progrès de la «science» ou de la politique du gouvernement américain? En biologie et en médecine aussi bien qu'en physique et en chimie, on peut toujours se demander qui paie pour les recherches fort chères que mènent les hommes de science, pourquoi ceux qui paient le font-ils? Pour l'avancement de la pure connaissance objective du monde? Cela serait étonnant et contredirait les faits qui montrent que les fournisseurs de fonds pour la recherche scientifique attendent tout autre chose de la science qu'un pur savoir objectif. Par ailleurs, des hommes de sciences sont convaincus (ce qui n'est pas une conclusion «scientifique») que la connaissance objective neutre et universelle est un moyen, le seul peut-être, pour unifier les hommes autour d'une même réalité et les mettre d'accord sur l'essentiel à partir duquel les autres accords seront possibles. C'est là un objectif moral clair. Alors que certains pensent que la connaissance utilisée comme moyen pour atteindre des objectifs non scientifiques devient rapidement une connaissance déformée et déformante (comme en témoignent les études dites scientifiques sur l'infériorité de certaines races humaines), d'autres, au contraire, pensent que la connaissance scientifique voulue pour elle-même, savoir pour savoir, savoir parce que l'homme doit savoir, est une connaissance elle-même immorale (et donc reliée, qu'on le veuille ou non, à une décision morale) puisqu'elle a comme conséquence de laisser les choses comme elles sont, même dans les cas où les choses sont moralement intenables, comme en témoignent les études sur la torture qui excluent les *jugements* sur la torture comme si cela ne «concernait» *que* les moralistes, les dictateurs et les victimes.

La justification de la science comme facteur de libération sociale doit donc exclure les avantages techniques de la science qui peuvent aussi bien servir à la libération qu'à l'oppression[12]. La connaissance scientifique devrait donc servir à libérer les hommes

12. Jean-François Lyotard, *La condition post-moderne*, Paris, Minuit, 1979.

non pas exclusivement par la production de technologies mais par la libération de l'ignorance qui est un esclavage fondamental. La connaissance scientifique, rationnelle et objective, serait donc un pouvoir qui protège ceux qui le possèdent. Malheureusement, il semble que la science réussisse fort peu cette libération et que sa complexité produise au contraire une classe de privilégiés rapidement récupérés par le système économique et politique comme moyen de se maintenir et de durer.

4.2 SE METTRE UNIVERSELLEMENT D'ACCORD: L'OBJECTIVITÉ

La science étudie la réalité selon un point de vue particulier duquel se trouve exclue la question de la nature des choses. Il ne s'agit plus, depuis le XVIIe siècle, de savoir ce que sont les réalités mais plutôt de savoir comment elles fonctionnent et à quelles lois elles obéissent. On observe ainsi le comportement de la matière physique ou des hommes pour découvrir (ou construire rationnellement) des explications qui permettent de comprendre la régularité et la répétition des mêmes phénomènes ou des mêmes événements dans les mêmes conditions[13].

Il s'agit de voir les choses comme elles sont mais non plus en les reliant aux espoirs des hommes mais plutôt en les reliant les unes aux autres. À l'époque de Platon ou cherchait à répondre à une «vocation» essentielle de l'homme et à trouver la vérité qui était le bien de l'homme. Pour Aristote, il s'agissait de favoriser le bonheur de l'homme, défini à partir des besoins de la raison aussi bien que des besoins plus pratiques (techniques). Depuis la séparation de la science et de la philosophie les objectifs de la science sont devenus plus limités et ses méthodes, plus efficaces quant à la prévision des phénomènes et à la manipulation de la matière. À cause du nombre de résultats observables dans l'utilisation technologique auxquels est parvenue la manière scientifique de connaître la réalité, le grand public a développé la croyance que la science est plus capable de fournir des *vérités* que n'importe quelle autre manière de connaître. Ce sont des

---

13. Ian Hacking, *Scientific Revolutions*, Oxford, Oxford University Press, 1981. (Contient des textes de T. Kuhn, K.R. Popper, I. Lakatos, H. Putnam, etc.)

épistémologues, des logiciens, des historiens des sciences qui ont montré que la vérité en science était peut-être un idéal mais qu'aucune science, même les plus fécondes en produits techniques, n'était parvenue à réaliser cet idéal. La conclusion de ces analyses est étonnante, vue de l'extérieur: il n'y a pas de «vérité» en science mais plutôt des «vraisemblances» et des «plausibilités».

Si l'on entend par «objectivité» la qualité des propositions (et des attitudes correspondantes) qui expriment en mots ou plutôt, en concepts, la réalité telle qu'elle est ou les faits tels qu'ils sont, il faut pouvoir établir ce que sont les faits en eux-mêmes et la réalité elle-même. Cela signifie que l'on devrait pouvoir savoir ce que sont les faits *indépendamment* de notre observation, de notre manière de comprendre, de notre situation lorsque nous les percevons, etc. Il faudrait donc *savoir* ce que sont les faits lorsque nous ne les percevons pas. On pourrait ensuite comparer nos propositions à ces faits objectifs pour vérifier leur vérité.

S'il n'existe pas d'autres moyens de confronter nos propositions à la réalité empirique que de faire l'expérience sensorielle de cette réalité, il faut reconnaître qu'aucune expérience de la réalité physique n'est indépendante du temps et du lieu où elle se produit. Ma vision actuelle n'est pas indépendante de tout ce qui s'est passé dans mon cerveau depuis la vision que j'ai eue auparavant, et cela, même si je n'ai aucune conscience de la différence exacte entre les deux. Par ailleurs, ma vision d'un objet varie selon la distance de l'objet examiné; elle varie également en fonction de ma vitesse qui suit celle du globe terrestre, en composition avec celle du balayage de mon oeil sur la réalité et celle enfin de l'objet qui obéit lui aussi à la vitesse du globe terrestre. Pour les réalités astronomiques, on comprend immédiatement le problème, de même que pour les réalités atomiques ou microscopiques qui ont des vitesses de déplacement infiniment plus élevées que ce que peut percevoir l'œil humain.

Il y a ainsi une différence absolument fondamentale, en science et pour l'objectif de connaissance scientifique de la réalité, entre la perception subjective et la réalité elle-même. On ne déduit pas qu'une réalité est petite parce qu'on la voit petite, ni qu'elle est chaude parce qu'on la sent chaude. La science tente d'éliminer le plus possible ces affirmations qu'on appelle «qualitatives» pour les remplacer par des affirmations quantitatives et vérifiables par tous les êtres rationnels. On dira donc qu'une réalité mesure 0.005

micron et qu'elle a une température de 1 000 degrés Celsius. Ces deux mesures sont évidemment impossibles à confirmer par l'expérience sensorielle puisqu'on ne peut voir une réalité d'une telle dimension ni sentir une réalité d'une telle température. Il s'agit donc là d'affirmations dues au travail de la raison et de la déduction à partir des appareils scientifiques[14].

Le problème est alors de savoir CE QUE l'on a mesuré et qui est invisible et inobservable. Certains prétendent que c'est la réalité puisque ces mesures réussissent à nous faire comprendre jusqu'à pouvoir prévoir ce qui va se passer sous nos yeux, au moment prévu. Ces défenseurs de la science comme instrument qui donne accès à la réalité elle-même sont appelés des «réalistes». D'autres prétendent que ce n'est pas la réalité elle-même qui est connue par ces mesures mais des *effets* d'une réalité non connaissable, et que ces mesures ne sont des mesures qu'à partir d'une théorie dans laquelle elles sont possibles, théorie qui est une invention, une construction de l'esprit humain. Cette invention pourrait être remplacée par une autre invention meilleure ou équivalente, sans que la qualité de nos connaissances ne soit affectée par ce changement. N'importe quelle manière d'expliquer la réalité qui soit claire, cohérente, sans contradiction, assez complète, compatible avec les faits observables, peut être choisie, et si deux théories ayant ces qualités étaient opposées, on choisirait celle qui nous plaît le plus. Ces défenseurs de la thèse de la théorie comme invention sont les «constructivistes» ou les formalistes.

Cependant l'idée commune que l'on se fait de l'objectivité et de la vérité est loin des idées que les spécialistes ont sur ce sujet. Lorsque nous réussissons à dire quelque chose sur une partie de la réalité extérieure et que la majorité des individus sont d'accord pour dire la même chose, nous disons que nous avons fait une affirmation «objective». Cela est plus fréquent en ce qui concerne les perceptions sensorielles que pour les jugements de valeur comme la beauté, l'utilité, l'importance, etc. Mais il pourrait bien arriver que la majorité des individus soient dans une situation telle que tous soient en train de succomber sans s'en rendre compte à la même illusion. Dans ce cas, aucun de ceux qui ferait partie de cette majorité ne pourrait critiquer ce qui lui semblerait évident et qui

---

14. Cf. Les analyses de Yvon Johannisse, *Vers une subjectivité constructive*, Montréal, Hexagone, Collection Positions philosophiques, 1984.

semblerait évident à tous les autres. Pour établir qu'il s'agit d'une illusion, il faudrait CHANGER de critères de vérité et montrer que l'effet sensoriel perçu par la majorité peut être modifié en modifiant la cause de cette illusion, ce qui montrerait du même coup qu'il s'agissait d'une illusion. Si l'on appelle alors «objectif» ce qui ne dépend pas de la subjectivité humaine pour être ce qu'il est, il faudrait dire que la réalité objective est l'opposé de l'illusion qui, elle, dépend de la subjectivité pour être ce qu'elle est. Il n'y aurait pas d'illusion s'il n'y avait pas d'hommes, mais on dit qu'il y aurait encore une réalité qui resterait la même, c'est celle là que l'on qualifie d'objective.

La totalité des subjectivités ne constitue donc pas l'objectivité c'est-à-dire qu'une affirmation acceptée par tout le monde n'est pas automatiquement une affirmation «objective» qui révèle la réalité comme elle est, indépendamment des hommes qui l'observent. Or c'est précisément l'objectif de la connaissance rationnelle d'éviter les illusions et la relativité des perceptions sensorielles. On tentera donc d'établir des explications qui ne dépendront pas de la subjectivité et qui pourraient permettre de comprendre la réalité objective.

Le succès de cette manière de procéder est double. D'abord, les résultats sont facilement perceptibles dans les produits technologiques qui n'auraient pu exister sans les découvertes scientifiques fondées sur l'analyse rationnelle. Les pays sous-développés sont manifestement confrontés à des problèmes de productivité et de survie biologique parce qu'ils n'ont pas développé le mode de pensée scientifique et la technologie correspondante. Cela ne signifie pas cependant qu'ils sont «essentiellement» en retard ou qu'ils sont «responsables» des problèmes qu'ils doivent affronter et qui viennent en partie précisément d'un usage politique et «nationaliste» de la science, devenue instrument de domination «réservé» à certaines nations. Un autre succès des explications rationnelles scientifiques est la diminution de l'abrutissement et de l'obscurantisme qui servaient si bien les dictateurs et les oppresseurs à l'époque pré-scientifique. Cependant c'est là un succès modeste, contredit par tous les usages oppresseurs et abrutissants des techniques tirées des connaissances scientifiques. Il faut cependant reconnaître que c'est la technologie et les groupes d'intérêts liés à celle-ci qui ont causé la dégradation de la science jusqu'au point où l'irrationnalité et l'inconscience ont pu apparaître à certains comme une «libération» de la culture, jugée artificielle. Ces critiques sont aussi dangereuses, socialement, que les technologies au service des privilégiés du système social, puisqu'elles favorisent la naïveté et l'ignorance qui servent de porte d'entrée aux manipulateurs de toute sorte. La connaissance rationnelle et vérifiable fondée sur l'expérimentation et la logique déductive n'est pas par elle-même négative, bien au contraire, puisqu'elle libère du monde étroit des perceptions subjectives, facteurs de confrontations, de violence et d'isolement.

C'est finalement dans une sorte de méfiance viscérale vis-à-vis les perceptions individuelles impartageables et devant les exigences d'approbation ne faisant pas appel au raisonnement et à la logique impersonnelle (mais misant plutôt sur les émotions et le chantage affectif), que le désir de scientificité se cherche des justifications. La *connaissance* de la réalité se distingue ainsi de la *perception* de la réalité. La première devrait être admise en fonction de la soumission volontaire à des critères de vérification permettant de distinguer ce qui est vrai de ce qui est faux, en confrontant les affirmations aux faits observables sans interférence des opinions personnelles. La seconde est liée à l'activité intime de la conscience et constitue un «vécu» qui n'est finalement qu'un effet de la réalité sur nous et non pas une connaissance de cette réalité. Par exemple, un objet n'est pas en lui-même et objectivement de la couleur que je perçois mais il est l'émetteur, logiquement, de rayons lumineux dont l'intensité et l'ampleur sont mesurables; ces rayons causent sur l'œil humain normal un certain effet qui ne se produirait pas, évidemment, s'il n'y avait pas d'œil pour le recevoir et réagir. Alors que n'importe qui peut constater la différence d'ampleur de l'onde émise par un objet en examinant l'appareil de mesure, il est impossible de constater ce que chacun a dans l'esprit et ce qu'il ressent lorsqu'il dit: «ceci est rouge», phrase qui signifie: «j'ai une sensation que j'ai appris à désigner sous le terme «rouge», en regardant certains objets produisant également chez d'autres une sensation assez semblable pour permettre de reconnaître la «même couleur». Si un objet rouge produit une certaine variation observable dans un appareil et que cette variation est quantitativement mesurable, on peut se mettre d'accord sur une longueur d'onde, plus facilement que sur les impressions subjectives produites par différentes teintes de rouge qu'il serait impossible de reproduire en se fiant à la description qualitative des observateurs.

On voit pourquoi alors il est tentant de «copier» la méthode scientifique lorsqu'il s'agit de science humaine et de considérer l'homme comme une réalité qu'on ne pourrait connaître qu'en mesurant quantitativement ses réactions et ses comportements. Le danger immédiat est de considérer l'homme comme un objet «naturel» et de nier l'existence de tout ce qui n'est pas mesurable (ou d'en nier au moins l'importance).

Cependant ce «copiage» est fondé sur une mauvaise connaissance de ce qui se passe en science où les contestations et les vérifications critiquables sont fréquentes et où l'unanimité est loin d'être faite sur les questions essentielles. La volonté de preuves et de confirmation universelle est cependant un indice d'une sorte d'honnêteté et de respect des faits qui marque la science d'un prestige justifié. Ce n'est plus alors les résultats des sciences qui montrent sa supériorité comme mode de connaissances mais ses ambitions et ses méthodes, quand elles sont toutes les deux autocritiques et ouvertes à la «falsification»[15] et à la vérification provisoire.

Pour éviter l'ignorance, la superstition, la naïveté, le dogmatisme et la confrontation violente des opinions, la science et les scientifiques proposent des approches de la réalité qui s'éloignent beaucoup des approches quotidiennnes.

Leur désir est celui de l'objectivité, c'est-à-dire de la qualité d'un rapport cognitif au monde qui soit tel que le rapport entre le langage et la réalité empirique, observable, constatable, soit universellement compréhensible et répétable. Il faut donc pour qu'il y ait objectivité que la rationalité impersonnelle domine toutes les autres manières de comprendre le monde et que la référence aux faits soit constante et puisse trancher les désaccords. En d'autres termes, ce qui est désiré dans l'objectivité, c'est une connaissance qu'on ne puisse contester qu'au nom des faits que tous peuvent observer, et de la même manière[16].

---

15. K.R. Popper, *Conjectures and Refutations*, N.Y., Harper, 1965, p. 229. Cf. également les textes importants sur ce sujet *in* P. Jacob, *De Vienne à Cambridge*, Paris, Gallimard, 1980.

16. La lecture digitale des appareils de mesure est, en ce sens, nettement supérieure à la lecture analogique: le chiffre indiqué par un odomètre est la vitesse dont la quantité est lue directement alors que la perception de la position d'une aiguille est plus subjective et sujette à l'erreur de perception ou d'interprétation.

L'élimination des préjugés, des convictions personnelles, des conclusions non fondées sur des raisonnements rigoureusement organisés selon les normes fondamentales de la logique, tout cela est indispensable pour qu'une connaissance soit objective. Il est bien évident, comme en témoignent les discussions des scientifiques, que ce genre de connaissance est un idéal et non une réalisation déjà complétée. On peut, comme nous l'avons déjà dit, soupçonner des influences inaperçues qui agissent, à notre insu, sur notre mode de pensée et sur nos perceptions de la réalité. Cependant l'idéal d'objectivité demeure constant et il convient de l'interroger.

Ce désir, en effet, ne caractérise pas, sauf dans notre «conviction» spontanée, la perception et la connaissance quotidienne que nous avons de la réalité. Nous prétendons être objectif chaque fois que nous sommes pleinement convaincus et que nous avons une sensation d'évidence. Les objecteurs de Descartes trouvaient que le soleil tournait, en toute évidence *objective* autour de la terre et que celle-ci était immobile. Nous ne sommes pas si loin de cette époque; bien des gens n'admettent des affirmations dites «scientifiques», à l'encontre des «évidences» auxquelles ils continuent à croire honteusement, que parce que les «trouvailles technologiques» semblent prouver que les hommes de science ont raison. Sans ces trouvailles impressionnantes, les hommes de science n'auraient socialement aucun succès à faire admettre leurs conclusions, spécialement celles qui contredisent le gros bon sens. Ce ne sont ni les arguments, ni les vérifications expérimentales et leurs interprétations par des scientifiques qui réussissent à convaincre le grand public de la supériorité de la méthode scientifique mais bien plutôt les utilisations industrielles, militaires et commerciales. On n'a, en général, aucune idée de la manière dont les scientifiques peuvent s'y prendre pour affirmer telle ou telle chose; pourtant, la plupart des gens sont prêts à admettre comme des évidences ce que les hommes de science affirment et dont on «entend parler» par des gens qui «ont l'air» de s'y connaître. Le vocabulaire de la science est en général fort technique et pourtant certains mots scientifiques sont monnaie courante dans notre langage quotidien. On serait étonné de savoir combien de «vérités» scientifiques circulent dans le grand public alors que la majorité des hommes de science n'admettent plus depuis longtemps des choses dont ils ont découvert le caractère erronné ou insatisfaisant. On serait également étonné de voir comment des notions «scientifiques» sont aujourd'hui refusées par les hommes de science et circulent pourtant dans le grand public comme si c'était là, la science «actuelle» et comme si tous les scientifiques étaient unanimement d'accord.

Le désir d'objectivité est donc très différent en science et dans la vie quotidienne; les exigences sont infiniment plus grandes et contraignantes en science que dans les connaissances courantes. La conception que l'on peut se faire en philosophie de la réalité contredit, elle aussi, le sens commun. Elle a cependant l'avantage de pouvoir s'appuyer sur l'expérience commune ordinaire sans exiger d'appareillage technologique compliqué. Elle requiert cependant beaucoup de disponibilité à la remise en question des évidences et des «vérités» acquises. La démarche philosophique s'est orientée depuis le début du XXe siècle vers une critique des sciences. Il ne s'agit pas de contester les résultats mais plutôt de limiter la prétention de la science de fournir une compréhension totale et définitive de la réalité à elle seule. Il faut donc, pour assumer les exigences philosophiques d'une connaissance de la réalité, ne pas se laisser enliser dans la croyance que seule la science et seules les conclusions de la science peuvent nous apprendre quelque chose et quelque chose de vrai de la réalité. L'un des problèmes est précisément d'ailleurs la définition du «vrai» et les scientifiques eux-mêmes reconnaissent maintenant le caractère limité de leur «vérité» et le caractère provisoire de toutes leurs affirmations, même les plus fondamentales. Les théories d'Einstein ont été, à ce titre, une bonne leçon d'humilité pour les physiciens, comme d'ailleurs celles de Freud et de Marx l'ont été dans d'autres domaines de la pensée humaine.

Examinons comment l'homme fait spontanément l'expérience de la réalité qu'il appelle «naturelle». Il voit, entend, goûte, il sent des résistances et des variations de chaleur. Dans certains cas, on soupçonne que c'est l'individu lui-même qui produit ces sensations, dans une hallucination, par exemple. Il est à remarquer ici que c'est toujours dans un jugement porté sur les perceptions des *autres* ou *après coup* sur les nôtres qu'il s'agit d'illusion ou d'hallucination ou de délire. Mais si on y réfléchit attentivement, on peut voir que même dans ces cas, il y a encore quelque chose d'extérieur qui agit sur l'individu. En effet, l'individu qui a une hallucination ne se la donne pas librement à lui-même, mais la subit plutôt comme un événement qui lui «arrive». L'origine de cette hallucination n'est donc pas «lui-même» mais bien quelque chose d'autre que lui-même dont on dit que c'est «en lui»: son cerveau, son inconscient, ses neurones; malgré que ces «causes» ne soient pas dans son «moi» qui est bien plutôt le récepteur des sensations, même hallucinatoires. Cette situation cependant révèle un contact moins évident avec une «véritable» extériorité «objective»; en d'autres termes, cela signifie que ce contact lui est particulier en ce que les autres ne peuvent le partager, le confirmer, l'approuver en le vérifiant dans leur propre expérience. Les observateurs concluent alors qu'il n'y a «rien» de «réel» qui produit ces hallucinations. Rien d'objectif, oui, si l'on entend par là quelque chose de commun et d'accessible à tous par expérimentation ou par répétition. Mais la réalité subjective est aussi la réalité car sans cela, toutes les expériences subjectives seraient inexistantes et c'est l'objectivité elle-même, à quelque degré que ce soit, qui serait impossible.

Ce qui produit une hallucination aussi bien que ce qui produit une sensation considérée comme «révélatrice» des propriétés objectives d'une réalité quelconque (comme, par exemple, la sensation de chaleur qui révèle qu'il y a objectivement de la chaleur «dans» l'objet et pas seulement dans la main qui «la sent» ou dans la conscience qui expérimente de la chaleur) est considéré comme une réalité extérieure à la conscience elle-même. En effet, le sujet qui ressent quelque chose ne se donne pas plus à lui-même cette sensation (qu'il «reçoit» en quelque sorte) dans le cas d'une hallucination que dans le cas d'une sensation «normale». Dans tous les cas de perceptions, c'est une réalité autre que le «soi-même» qui «envoie» ou produit la perception. Cela peut être le cerveau (qui n'est pas ce que «je» suis moi-même) ou bien une réalité physique quelconque dont on pense spontanément que c'est elle qui «produit» la sensation que l'on éprouve.

Les affirmations du langage populaire impliquent fréquemment des déductions qui n'ont pas de valeur rationnelle mais montrent à quel point il y a une «philosophie» ou une «science» très primitive et très primaire dans notre façon ordinaire et commune de nous exprimer. Par exemple, lorsque l'on dit: «cet objet est rouge», nous prétendons sans nous en rendre compte (et cela n'est pratiquement jamais mis en question parce que la plupart des individus sont complices de cette façon de déduire qui fait partie de leurs «évidences» et de leurs habitudes de pensée) que c'est l'objet qui est là devant nous qui «contient» du rouge. Ce que nous expérimentons, en fait, c'est «d'avoir» telle sensation que nous appelons «rouge» à l'occasion de la «présence» de quelque chose que nous appelons «cet objet» et que nous «percevons» avec nos yeux. La possibilité de distinguer ce qui est «rouge» parmi plusieurs autres objets de couleur différente, possibilité que d'autres que nous peuvent également confirmer en localisant le même objet, nous amène à penser que le «rouge» est objectivement dans l'objet.

Si on se demande comment on pourrait savoir que ce qui est appelé «rouge» est encore là au moment où il n'y aurait pas d'yeux pour regarder, on découvre que cela est impossible. On peut cependant installer un appareil qui «réagira» à la présence de ce nous avons appelé «rouge» et qui, par exemple, enregistrera une variation quantitative dans une longueur d'onde. On ne pourra savoir que cela «donne» la sensation de «rouge» qu'au moment où nous pourrons obtenir cette sensation en ouvrant les yeux devant «ce» qui faisait varier l'oscilloscope de l'appareil. Mais sans cette sensation, il n'y a aucun moyen de savoir par nous-mêmes s'il y a du «rouge». Par *déduction*, nous pourrons néanmoins savoir qu'il doit y avoir quelque chose qui produit l'effet sur l'appareil et qu'il doit y avoir quelque chose qui produit l'effet sur l'œil.

En tentant de distinguer l'effet produit et la cause qui le produit, on est amené à se demander s'il est évident que ce qui produit la sensation de rouge doit être «du rouge» et ce qui produit une variation quantitative sur l'appareil doit être «une longueur d'onde » ou une «onde». Il se pourrait fort bien, en effet, que quelque chose produise une onde et ne soit pas une onde ou produise du rouge et ne soit pas du rouge. C'est en considérant les variations dans les effets que l'on distingue la nature de la cause et la nature de l'effet, la même réalité pourrait en effet produire plusieurs phénomènes différents et n'être *identifiable* à aucun de ses effets.

En prenant conscience du caractère «stratégique» des idées et de la différence entre l'idée d'une chose et la chose elle-même, on admet que la réalité elle-même n'est pas accessible dans la simple perception des phénomènes (perception qui est, en fait, une réaction à l'action de la réalité sur nous) ni non plus, dans la simple affirmation en style objectif des expériences subjectives (comme dans l'expression: ceci *est* rouge» plutôt que j'ai la sensation de rouge devant ceci). L'intensité des sensations rend cependant difficile une telle attitude critique et la croyance dans le caractère objectif des propriétés perçues est aussi théoriquement nuisible que pratiquement impossible à éliminer.

Nous avons souvent, sinon toujours, l'impression très forte que la réalité est «là» devant nous et que nous sommes en relation directe avec elle grâce à nos sensations. Mais nous savons aussi que la réalité a des degrés selon sa permanence, son indépendance, par rapport à la volonté humaine, etc.[17] En expérimentant les changements dans les apparences des «mêmes» choses, nous faisons confusément l'expérience qu'il y a quelque chose «derrière» ce que nous percevons et que la réalité avec laquelle nous pensons être en relation dans les perceptions sensibles n'est pas la réalité elle-même, mais *l'apparence* que prend autre chose et qui serait plus réel.

Pour avoir accès à cet «au-delà des apparences» et des phénomènes, nous utilisons des mots hérités des habitudes culturelles linguistiques mais qui sont aussi faciles à utiliser que difficiles à référer à quelque chose de précis et d'intelligible. Un exemple frappant nous est fourni par le mot «chose» utilisé presque toujours dans le langage populaire pour désigner la réalité derrière les apparences. Il est peu de gens capables de dire ce qu'il faut absolument et essentiellement pour qu'une chose soit une chose et, puisque ce mot semble servir à comprendre la cause, qui soient capables de dire comment quelque chose pourrait être différent d'une chose. Il y a une philosophie très fermement installée dans le langage et la pensée populaires mais elle est irréfléchie et, en un sens, apprise par cœur sans être comprise et consciente.

Depuis le début de la pensée occidentale chez les Grecs, c'est contre les «vérités» admises sans raisonnement systématique que les philosophes et les premiers hommes de science se sont opposés. Que tout soit fait d'eau (Thalès de Milet en 585 av. J.-C.) ou de feu (Héraclite) ou des quatre éléments (terre, air, eau et feu) primitifs, voilà qui contredit les expériences ordinaires de la variété et des innombrables différences entre les réalités singulières. Mais voilà qui permet aussi d'unifier cette diversité en tentant de

---

17. Un de mes amis reprochait à la mode «punk» d'utiliser dans la teinture des cheveux des «couleurs qui n'existent pas!». Ce jugement nous introduit de plein pied dans le paradigme de l'authenticité utilisé pour caractériser le «naturel» réel.

comprendre comment toutes ces différences pourraient être des apparences prises par un petit nombre de réalités fondamentales. Comme aucune des vagues de la mer n'est exactement la même que les autres et que pourtant, le concept de «vague» permet de comprendre ce qu'elles sont toutes au-delà de leurs variations de formes, d'ampleur, ainsi les concepts «construits» par l'esprit humain permettent non pas de savoir avec certitude ce qu'est la réalité elle-même au-delà de ses apparences et de ses manifestations mais au moins de dépasser ce qui semble dépendre d'autre chose pour «rejoindre» ce qui serait «ultime» et plus réel, donc moins trompeur.

Le désir d'objectivité est précisément le désir de rejoindre la réalité plus radicale. Ce qui frappe d'abord dans l'expérience humaine, c'est la résistance des objets inanimés devant notre volonté. Il n'est donc pas étonnant que la science ait d'abord été orientée vers «la matière» et que la psychologie, science de l'homme, soit plus récente. Cependant ce qui frappe aussi, c'est le caractère en quelque sorte «inquiétant» de ce qui bouge «tout seul» et qui résiste également à notre volonté. Après l'astronomie et la physique, c'est la biologie qui permet de dépasser les apparences pour saisir le principe «moteur» qui expliquerait pourquoi et comment ce qui se meut de lui-même peut effectivement se mouvoir de lui-même.

Des concepts construits se sont donc développés dans l'histoire de la pensée pour remplacer les concepts irréfléchis utilisés dans les mythes et les croyances populaires. On établissait des propriétés logiquement indispensables (pour expliquer les phénomènes) de certaines réalités également «inventées» comme origine ou cause possible de ce que l'on percevait. Le concept d'atome est particulièrement riche dans la mesure où il était déjà amorcé dans la pensée grecque bien avant que le XXe siècle lui donne toute l'importance qu'on lui connaît aujourd'hui (Démocrite). L'atome, c'est le nom du plus petit morceau de matière qu'on ne peut plus séparer en morceau plus petit. C'est en quelque sorte le grain fondamental qui sert à comprendre comment tout ce qui est matériel est le résultat d'une combinaison de cet élément en nombre variable. L'histoire a modifé cette idée de l'atome mais le principe explicatif est demeuré le même: dépasser les apparences vers les éléments fondamentaux qui les expliquent. Les «lois» de la matière sont devenues plus importantes que les éléments auxquels elles s'appliquent.

Les atomes sont aujourd'hui des manifestations ou plutôt le nom donné à des manifestations plus fondamentales que les autres et moins directement accessibles d'une réalité dont nous avons découvert des propriétés cachées en jouant avec elle dans des conditions déterminées et contrôlées. Afin de bien mettre l'accent sur l'au-delà des apparences que l'on prétend avoir atteint grâce à l'idée d'atome, les scientifiques se refusent à fournir une image visuelle de l'atome et en donnent plutôt la structure abstraite, invisible, et seulement mathématisable (Werner Heisenberg). Mais on peut se demander si cette structure n'est pas encore une nouvelle «forme» de la réalité plutôt que la réalité elle-même. On peut également se demander si un concept qui permet de comprendre les phénomènes correspond à une réalité existante ou s'il ne pourrait pas être une des inventions possibles de l'homme pour obtenir une explication satisfaisante des phénomènes mais non pas une compréhension de ce qu'est la réalité elle-même. Les défenseurs de la première hypothèse sont les «réalistes» et les seconds, les «constructivistes» ou «formalistes».

La manière quotidienne aussi bien que celle, plus sophistiquée des sciences ou des philosophies d'aborder la réalité, montre que la prise de conscience d'une dimension «cachée» de la réalité entraîne avec elle la crainte de manquer la relation nécessaire à la sécurité et à la réalisation de certains désirs importants de notre vie. Il «faut», pense-t-on, dépasser les apparences; il faut fuir l'illusion, «respecter» les faits, etc. Il semble que l'on veuille se protéger contre une menace et que l'élan qui porte vers la réalité vraie, la réalité «extérieure» et objective soit un élan qui «doive» être assumé.

Il est bien évident que cet élan varie en intensité et en teneur selon les individus, les époques, les milieux de vie, les intérêts et les ambitions du moment, etc. Cependant, il est bien peu de gens pour dire que rien ne vaut rien (ou que rien ne vaut quelque chose), que tout est vrai et réel ou que tout est faux et illusoire, que tout ce que l'on pense est vrai du simple fait qu'on le «pense vraiment», que toutes les croyances sont défendables parce que rien ne peut jamais être prouvé universellement. Ce «nihilisme» serait sans aucun doute une pathologie et force est d'admettre que nous avons tous, bien que différemment, cet élan qui nous porte vers le réel et nous entraîne à fuir l'illusion dès que nous pensons qu'il s'agit d'illusion. Et lorsque nous disons qu'il est dommage que certains aient «perdus leurs illusions», ce à quoi nous pensons, c'est plutôt à l'espoir. Il ne serait évidemment pas dommage de perdre des erreurs[18].

Que peut-on faire devant cet élan, une fois que nous avons constaté qu'il opère en nous? Pour être autre chose qu'une marionnette ou une «machine désirante», il semble que nous devrions «décider» de l'assumer (et *pouvoir* décider) en sachant pourquoi nous prendrions cette décision plutôt que la décision inverse. Une fois connu ou posé le besoin que nous pourrions satisfaire en assumant cet élan (par exemple la sécurité, le pouvoir de maîtriser les événements, le plaisir d'une certaine libération), il faudrait encore pouvoir décider de satisfaire ce besoin en sachant pourquoi nous prenons cette décision plutôt que la décision inverse. Sinon nous serons le jouet irresponsable mais intelligent qui peut découvrir comment satisfaire un besoin qui le détermine et devant lequel il est à la fois totalement impuissant.

Si la connaissance de la réalité est présentée comme pouvant nous protéger contre l'imprévisible et nous rassurer en dévoilant l'inconnu à notre conscience, c'est que nous présupposons que la réalité est finalement rassurante et que la connaissance est une bonne chose. Nous rejetons des hypothèses farfelues comme celle d'un être démoniaque voulant notre perte à travers les phénomènes naturels; nous rejetons l'hypothèse d'êtres surnaturels s'amusant avec nos espoirs, nos désirs, nos peurs et nos angoisses. Il semble que cette façon de se représenter la réalité derrière l'ensemble des phénomènes soit un signe de naïveté et d'irrationnalité, révélant une pensée enfantine, puérile et immature. Ce à quoi on fait appel de façon plus critique et plus rationalisée, c'est à des concepts qui désigneraient la réalité de manière indépendante de nos émotions et de notre culture. Et surtout ce que l'on cherche, c'est une compréhension qui soit libre de toutes les images qui ne valent que pour des cas particuliers. S'il s'agit de la *réalité elle-même* au-delà des innombrables formes qu'elle prend et peut prendre, il n'est pas intellectuellement rentable ni justifiable de choisir une des formes de réalité pour désigner CE QUI prend cette forme (et toutes les autres formes différentes). Il n'y a pas un homme qui est plus un homme qu'un autre, pas un vivant qui serait plus un vivant qu'un

---

18. René Pellerin, *Théories et pratiques de la désaliénation*, Montréal, Éditions de l'Hexagone, 1983, pp. 50-75.

autre, pas un atome qui serait plus un atome qu'un autre. Ce sont des cas particuliers variables d'une même essence qu'il s'agit de définir sans choisir une de ses réalisations comme privilégiées.

Que la réalité soit unique c'est-à-dire qu'il n'y ait qu'une réalité fondamentale ou qu'il y en ait plusieurs également fondamentales qui ne seraient pas la manifestation d'autres plus fondamentales encore, cela est sans importance. Matière et énergie, Dieu ou Satan, il s'agit toujours dans la recherche de la réalité elle-même de parvenir à des vérités définitives et universelles à propos de quelque chose qui ne dépend de rien d'autre (absolu).

Le désir d'objectivité va de pair en effet avec le désir d'un acccord de tous les hommes sur une même vérité qui pourrait mettre un terme à la recherche. Une des façons de s'assurer que l'on n'est pas en train de penser la réalité de façon partielle et partiale et que nous avons plus que «notre» simple idée du réel mais plutôt l'idée «exacte» du réel lui-même, c'est de pouvoir recevoir une confirmation d'autres subjectivités qui seraient d'accord, au-delà de leur particularité et de leurs intérêts propres, sur cette même idée. En voulant l'objectivité et la rationalité, les sciences et les philosophies tentent donc plus que de comprendre la réalité et font un travail de morale. Le rapprochement des hommes autour d'une même vérité constituerait en effet un objectif moral et social.

La science qui cherche la réalité derrière les apparences (les lois qui expliquent les phénomènes) chercherait quelque chose qui unifie les hommes; elle constituerait ainsi une œuvre très morale et très «humaine» au-delà des apparences de neutralité, d'impersonnalité, d'indifférence qui marquent le processus de recherche scientifique.

V
LA CONDITION DE POSSIBILITÉ DU «MOI»

La nature nous est apparue difficile à conceptualiser. Elle ne peut être ni un contenant, ni une cause originaire et libre, ni, non plus, «la» réalité authentique eu égard à d'autres qui pourraient exister comme à côté d'elle (dans le néant!). Les recherches d'une compréhension plus rigoureuse et plus rationnelle de la réalité nous sont apparues ensuite comme dépendantes d'un espoir particulier, celui d'une entente universelle et définitive des hommes entre eux à propos de ce qui serait fondamental et indubitable. L'élan qui nous mène d'abord vers la nature puis vers la conceptualisation de «ce» qui détermine le cours des choses (naturelles aussi bien que culturelles) est un élan «altruiste». Il s'agit de relier les effets aux causes, de relier les phénomènes produits à la loi qui gouverne leur production et à «ce» qui travaille selon ces lois. L'enjeu radical semble être de parvenir à une compréhension d'abord formelle puis concrète de la réalité qui se cache derrière les apparences qui ne sont ce qu'elles sont que par rapport à notre perception , à notre position comme observateur et analyste, à nos facultés déterminées, etc. C'est donc le non-imaginé, le non-construit par l'homme qu'il s'agit de comprendre, grâce cependant à l'imagination et à l'intelligence de l'esprit humain. Il s'agit de rejoindre une altérité, une réalité différente de nous et capable de constituer, en quelque sorte, un pôle par rapport auquel nous pourrions nous affirmer en nous y confrontant. Cette «rencontre» du réel, pour utiliser une expression de Gilles Lane[1], nous permet de vaincre l'angoisse qui nous guette à la pensée que nous serions seuls dans l'univers. Ce ne sont ni les mots, ni les concepts, ni les lois qui nous intéressent mais ce que nous nommons par ces mots ou ce que nous comprenons par ces concepts et ces lois. Ce qui nous importe, ce ne sont finalement ni les explications, ni les définitions, ni les descriptions mais *cette* réalité «elle-même» qui se tient comme au-delà de ce que nous en expliquons, définissons ou décrivons et que nous voulons nous approprier.

Et pourquoi cela nous importe-t-il? Il s'agit au fond de savoir ce que nous sommes et ce que nous valons. Le véritable enjeu de la connaissance n'est ni la promotion pour elles-mêmes des réalités connues, ni, non plus, la simple satisfaction d'un «besoin» qui pousse l'animal humain. Il s'agit plutôt de réaliser un certain mode d'existence et d'obtenir une certaine valeur: celle d'un être conscient de ses actes.

Si quelques philosophes ont pu déclarer que le seul problème philosophique vraiment important était de savoir pourquoi il existe quelque chose plutôt que rien, il reste encore à se demander, et peut-être est-ce même une question plus fondamentale encore: pourquoi cette question? La réponse pourrait être du côté de la sorte d'être que nous voulons être et donc, finalement, du côté de quelque chose qui nous amène à vouloir être ceci plutôt que cela.

La question de la valeur de la connaissance que les humains recherchent plus ou moins intensément, tout autant que la question de la valeur de l'existence en général, et de l'existence humaine en particulier, implique comme justification son utilité présumée pour la réalisation de la sorte d'être que nous sommes et que nous voulons être (ce que nous voulons, par ailleurs, s'explique par ce que nous sommes, et ce que nous sommes est explicable en tant qu'effet d'autre chose...). Il s'agit donc de se demander ce que nous sommes au-delà de ce que nous avons, de ce que nous paraissons, de ce que nous pensons, disons, faisons, projetons, ressentons, etc.

Le langage semble construit sur la croyance que les sujets personnels des actions posées sont repérables dans la réalité au

---

1. Gilles Lane, *À quoi bon la philosophie*, Montréal, Éditions Le Préambule, 1982.

même titre que n'importe quelle autre réalité «sujet du verbe». Cependant, ce que l'on prétend désigner par les termes «je» ou «moi», «toi», «lui-même», etc., n'est pas, dans la conviction de ceux qui utilisent ces mots, une réalité physique qui serait accessible à l'observation, ni, non plus, une réalité matérielle comme si ces mots désignaient le cerveau, le corps, etc. Les individus prétendent même que ce n'est pas par déduction qu'ils connaissent leur propre existence mais par «expérience» (on se rappellera des arguments de Descartes: *Je doute, je pense donc je suis*). Cette prétention des humains est celle qui les placerait dans une catégorie différente des êtres purement naturels et des êtres culturels. Une sorte de rencontre du troisième type, ni naturelle, ni culturelle, mais personnelle! Bien entendu, cette troisième catégorie ne subsiste pas indépendamment des deux autres mais les hommes prétendent qu'elle ne leur est pas réductible. Dès lors, il devient impossible de dire que l'homme est un animal sans ajouter que ce n'est là qu'une partie de sa réalité. Ceci est déjà plausible si on pense que les hommes sont toujours sous l'influence, directe ou non, immédiate ou non, consciente ou non, des autres hommes et donc de la culture (c'est l'affirmation centrale d'Edgar Morin). Mais ce qui est affirmé par l'usage du terme «personne» ou «je», c'est plus que la dimension culturelle greffée sur la dimension naturelle. C'est ce que le philosophe grec Aristote aurait appelé la «substance», en dessous et au-delà des apparences et des formes plus ou moins stables que les choses prennent dans l'existence concrète.

Le pôle de l'expérience sensorielle que constitue ce que nous nommons «je» semble si indispensable à la réalité dite extérieure que nous pourrions penser que c'est ce pôle qui «fait» exister les choses pour les consciences, qui rend humainement existants (et nous n'avons aucune connaissance qui ne soit humaine quand on est un humain) les choses et les événements.

Si le code génétique des humains était différent, ceux-ci n'auraient pas les mêmes besoins et si leur cerveau était différent, les humains ne comprendraient pas les choses de la même façon; enfin, si les sens des humains étaient différents, ce sont toutes les apparences que prend la réalité qui seraient différentes. Pensons que si nos yeux étaient faits d'une autre manière, il pourrait arriver que ce que nous appelons «bleu» actuellement n'ait aucune existence parce que rien n'aurait jamais l'effet «bleu» sur un œil humain et donc, cet effet n'existerait pas. Bien sûr, il existerait quelque chose, logiquement et par déduction, mais ce ne serait pas le «bleu»; ce serait autre chose découvert par notre raison, inventé et nommé par elle pour comprendre humainement les choses.

Lorsque nous voulons situer l'homme dans son milieu, nous sommes donc en face de trois réalités fondamentales: la nature, la culture et la personne. C'est cette troisième réalité qui pose un problème puisque nous avons, en quelque sorte, exclu la possibilité de sa présence dans un monde de matière et de lois naturelles.

Nous n'avons pas de problème à nous définir nous-mêmes si nous voulons faire connaître à quelqu'un d'autre ce que nous sommes du point de vue physique ou ce que nous pensons et ce que nous ressentons. Mais à bien y penser, il ne s'agit pas de *nous* mais plutôt de ce que nous pensons, de ce quoi nous avons l'air, etc. Lorsqu'il s'agit de nous, considéré isolément de nos idées et de nos actes, nous utilisons l'expression «moi-même». Que désigne au juste cette expression? Elle réfère à une réalité spécifique qui ne serait pas une propriété d'une autre réalité. Nous référons bien plutôt à nous-mêmes comme au propriétaire et à l'initiateur de nos actes. C'est en tant que source que nous nous désignons comme l'auteur de certains actes dont nous revendiquons la responsabilité.

Ce propriétaire cependant est difficile à comprendre non seulement comme lieu de multiples motifs et jeux de forces mais aussi en tant que réalité différente des réalités matérielles et des structures complexes qui fournissent ce qu'on appelle la psychologie et les «idées». Nous pensons pouvoir désigner une réalité qui ne serait pas cette matière cérébrale qui nous fait fonctionner, ni, non plus, cet ensemble de réactions visibles et invisibles qui affectent notre corps, mais bien plutôt quelque chose qui serait«nous-mêmes» en tant que propriétaire, substance permanente derrière les changements qui modifient toutes nos dimensions sauf celle-là qui fait que nous sommes nous-mêmes et pas un autre. Nous ne disons pas que nous *sommes* un corps mais que nous *avons* un corps; nous ne disons pas que nous sommes un ensemble de réactions mais que nous avons telle ou telle réaction.

De nombreuses raisons sont disponibles pour justifier l'affirmation de notre statut d'être personnel. Parmi ces raisons, mentionnons la structure du langage (le pronom personnel sujet du verbe, comme nous l'avons tous appris dans notre livre de grammaire) qui reflète notre conviction générale que nous sommes l'auteur de nos actes et qu'il y a des substances derrière les apparences et les propriétés des «choses elles-mêmes». Il y a aussi des convictions transmises par l'éducation, lieu dans lequel les individus apprennent à s'identifier comme réalité irréductible, capable de se distinguer de tout ce qui n'est pas eux-mêmes, ce que Russell, critiquant les idéalistes, appelait le «non-moi». L'éducation transmet ainsi des définitions des choses, des explications, des affirmations qui sont soutenues par la majorité, non pas après des démonstrations et des vérifications théoriques poussées, mais au nom de leur utilité et de leur acceptation générale. La définition des personnes comme des réalités qui ne sont pas «traitables» comme des objets ou des animaux et appartenant à une catégorie à part dans la réalité est une définition apprise dont il est difficile de faire objectivement la critique. Et cela pour une raison assez simple: cette définition est la base même du fonctionnement de l'éducation, de la morale, des lois sociales, etc, et en ce sens, elle est suffisamment utile pour que la question de sa véracité ne se pose pas, voire même qu'elle ne doive pas se poser.

En prenant pour acquises une série de convictions morales et de règles de comportement et en les justifiant par la «nature» particulière de l'humain, on ne peut plus, par la suite, remettre en question la définition justificatrice sans remettre également en question tout le comportement exigé pour le bon fonctionnement de la société. C'est ainsi que la simple compréhension de la sorte d'être que constituerait essentiellement l'humain dans l'ensemble des réalités naturelles et culturelles se trouve conditionnée par l'utilité pratique et tout spécialement psychosociale de telle ou telle définition.

Par ailleurs, comme individu et comme société, nous acceptons de nombreuses contradictions dans notre perception de l'homme. Considéré sans problème comme un ensemble de morceaux plus ou moins remplaçables, nous acceptons de greffer à un humain des pièces prises à un autre humain pour remplacer celles qui sont brisées, de les offrir en héritage à ceux qui en ont besoin, de brancher des individus sur des machines qui les maintiennent en vie. Nous acceptons ainsi notre matérialité. Mais nous pensons aussi en même temps que nous sommes autre chose que de la matière et que notre corps a un «intérieur» qui appartient à une réalité différente et qui est nous-mêmes.

Cette expression a d'ailleurs un sens tout à fait particulier. On peut penser que l'usage significatif du terme «moi-même» pourrait constituer un indice de l'existence de quelque chose qui s'appellerait de mon nom propre. Il est indéniable que lorsque quelqu'un dit «moi», les autres individus qui parlent la même langue comprennent[2]. Mais que comprennent-ils au juste? Si on examine les différentes significations possibles de ce terme, on se rend compte qu'il pourrait s'agir de quelque chose de moins différent de la matière qu'on semble le croire.

En effet, le terme «moi» pourrait référer à un espace physique dans lequel une force d'action se trouve plus ou moins opérante et active. Cette énergie serait comparable à une batterie qui explique le mouvement autonome d'une réalité dont on ne voit pas la source d'action, extérieure à elle-même. Toutes les plantes et tous les animaux ont cependant cette source partiellement inaccessible et nous n'avons pas besoin de supposer une réalité métaphysique pour rendre compte de leurs comportements. Il est évident que les performances de l'humain sont différentes mais il n'est pas nécessaire, tout en reconnaissant ce fait, de prétendre qu'il s'agisse d'autre chose que d'une force biologique organisée d'une façon spécifique pour la nature humaine.

On peut donner un sens à la définition de l'homme comme personne en disant que l'homme est un être qui ne veut pas souffrir et qui intervient dans son environnement pour maîtriser le comportement, voire même les désirs et les intentions des autres, pour se protéger. La manière particulière utilisée par l'homme pour satisfaire ce besoin naturel consiste à influencer les raisonnements des autres i.e leur intelligence et finalement, leur cerveau comme on le voit de façon tout à fait claire dans l'usage de médicaments en psychiatrie et dans les domaines où on contrôle le comportement: en psychologie, en psychiatrie ou même en pédagogie! Selon cette perspective, la notion de personne n'impliquerait aucune autre

2. Plusieurs philosophes se sont intéressés à ce problème de l'identité personnelle. Wittgenstein, L., *Investigations philosophiques*, *in Tractatus Logico-philosophicus*, Paris, Gallimard, 1961, Collection «Tel»; cf. aussi P.F. Strawson, *Les individus*, Paris, Seuil, 1978; G. Ryle, *La notion d'esprit*, Paris, Payot, 1978.

dimension que la dimension conditionnée par les lois naturelles et les lois culturelles qui servent à garantir la satisfaction harmonieuse des besoins naturels des hommes.

Les usages quotidiens des termes qui définissent ce que nous sommes dans notre milieu naturel et dans notre milieu culturel indiquent de façon assez claire que nous tenons sur nous-mêmes les deux langages du matérialisme et de l'idéalisme, de la rationalité scientifique et de la «rationalité» idéologique. Nous sommes pour nous-mêmes tout autant un objet qu'un sujet, et nous sommes aussi, pour les autres, un objet et un sujet. Depuis le début de l'humanité, la plupart des individus refusent cependant d'être considérés et traités comme des objets et réclament un statut particulier.

L'expérience de la conscience, du savoir intérieur, de la réflexivité qui permet à l'homme de savoir qu'il est en train de faire quelque chose plutôt que d'être «englouti» dans les actes qu'il pose, cette propriété particulière est la base de la revendication à propos de la définition et de la catégorisation spéciale de tout ce qui s'appelle humain.

Robert Nozick, brisant la tradition récente en philosophie, s'est attaqué à ce problème de la définition de la personne humaine. «Un moi, écrit-il, est préoccupé de lui-même en tant que *lui-même*» parce que «s'occuper réflexivement c'est s'occuper en vertu d'une particularité incluse dans l'acte même de s'occuper de quelque chose[3]». Que ce soit donc dans l'acte de s'intéresser lui-même à une quelconque réalité de l'univers ou dans celui de s'intéresser directement à lui-même, l'humain montre ou prétend qu'il peut s'autodéterminer, puiser dans sa propre constitution et dans sa propre réalité la source et l'initiative de ses actes. Les verbes réflexifs (je me... fais du souci, je me décide..., etc.) impliquent, s'ils ont un sens, la conviction de l'auteur de se constituer lui-même en tant que source d'initiative autonome. La possibilité d'une telle sorte d'actes repose sur celle de ne pas être le résultat ou l'effet d'autre chose que de l'initiative d'un sujet qui ne serait pas, lui-même, le résultat de forces impersonnelles, naturelles ou culturelles. Il faut donc que le sujet humain puisse *commencer*

---

3. Robert Nozick, *Philosophical Explanations*, Cambridge, Massachusetts, Harvard University Press, 1981, pp. 115-164.

vraiment quelque chose, c'est-à-dire faire exister quelque chose de manière à en être le seul responsable, plutôt que le porteur ou l'instrument[4].

Il peut sembler étrange de se demander à quelles conditions une personne humaine pourrait exister, étant donné l'évidence de cette existence. Mais si on remet en question, comme plusieurs l'ont fait, la liberté métaphysique, la responsabilité morale absolue et la réalité même d'un moi immatériel qui logerait à l'intérieur du corps en tant que propriétaire et maître, il faut justifier notre croyance à notre propre réalité personnelle tout autant qu'à celle des autres personnes. En effet, si un ensemble de neurones, de muscles, de sang et de chair ne peut avoir proprement de «droits» mais seulement des besoins, des désirs, des mécanismes, des forces et des faiblesses, il devient alors essentiel, pour situer la morale et la responsabilité humaine, de se demander si une réalité capable de moralité est possible et comment peut-elle être possible.

En examinant ce que le «je» prétend être, on se rend compte qu'il s'agit d'une double revendication théorique et pratique. En affirmant que je suis un être humain et que cela n'est pas classifiable dans la catégorie des robots ou des animaux, j'espère que ceux devant qui je fais cette affirmation ne se comporteront pas avec moi comme ils peuvent le faire avec des réalités qui me sont inférieures. Ce qui n'empêche pas d'admettre qu'une partie de ce que je suis est de la matière et fonctionne selon des mécanismes comparables à ceux d'un robot ou d'une machine (on le voit plus facilement dans les inventions de prothèses artificielles). Il faut bien admettre également qu'une partie de ce qui je fais est déterminée non seulement quant à sa source de production mais aussi quant à sa manière d'être produite. En d'autres termes, il y a des choses que je vois mon corps faire ou mon esprit recevoir ou produire et qui ne sont pas sous le contrôle de ma responsabilité ni dans le fait d'être produites ou faites, ni, non plus, dans la manière d'être produites ou faites. Il reste pourtant la conviction que dans ce cas, je suis le témoin et si je ne suis pas l'auteur de mes actes, je continue pourtant à les appeler «mes»actes, avec toute la certitude possible.

---

4. Cf. Gilles Lane, *Si les marionnettes pouvaient choisir*, Montréal, Éditions de l'Hexagone, 1983.

Ce que les personnes réclament, c'est la rencontre du troisième type, celle d'une personne irréductible aux réalités naturelles, capable de rencontrer d'autres réalités également irréductibles aux réalités naturelles. Ce type de rencontre permet aux humains de se sentir et de se savoir reconnus par des réalités capables de reconnaître des personnes. Certains (parfois parce qu'ils sont déçus de l'égoïsme des autres) prétendent que leur animal favori est capable d'une telle sorte de relation humanisante. Ayant la prétention d'avoir une valeur par moi-même, j'ai en même temps celle de pouvoir obtenir, en vertu de la sorte d'être que je suis, le droit d'exiger des autres qu'ils me traitent de façon respectueuse de mon statut. Indépendamment de sa véracité, l'affirmation que je suis une personne humaine est d'abord dans la vie concrète une affirmation utile. Cet aspect opérationnel de la notion de personne repose sur les conventions culturelles et le type d'éducation morale que nous avons reçue.

Pour montrer que cela est relatif et que l'évidence de la réalité des personnes n'est pas acquise pour tous, ni non plus l'évidence des droits humains, il faut essayer de comprendre comment des humains peuvent en venir à en torturer d'autres ou à faire exploser des bombes même en sachant qu'ils tueront volontairement des enfants. Il semble que certains soient capables de refuser à d'autres humains le statut de personnes dignes d'être traitées comme de vraies personnes. Cela se produit dans le cas des enfants battus aussi bien que pour des raisons politiques relatives, par exemple, à une problématique «libération populaire» chez les terroristes.

Il serait inconcevable que quelqu'un prétende qu'il n'obéit pas aux lois de la nature; s'il le faisait, nous pourrions facilement le prendre en défaut. Mais que quelqu'un prétende que quelqu'un d'autre n'est pas un humain et le traite comme un animal (en le mettant dans une cage au nom de la justice, par exemple, et en changeant le nom de la cage pour «maison de détention»! ou en le tuant comme un animal dont on ne sait plus quoi faire et qui est devenu dangereux comme on le fait chez le vétérinaire pour les chiens enragés), et voilà que la réalité des personnes qu'on ne pourrait pas traiter comme des animaux parce qu'ils n'en sont pas, devient une réalité dépendante de la bonne volonté de l'intervenant ou de l'interlocuteur. Et comment démontrer à quelqu'un qu'on est une personne humaine si cela signifie qu'on est plus qu'un animal et un objet? Déjà, dans les greffes d'organes, pour prendre un exemple entre mille autres, nous sommes littéralement réparés comme un système défectueux, ce que nous sommes effectivement, quoi que nous en pensions et quelle que soit la manière dont nous aimerions le dire. Ce qui est facile à constater, c'est que les humains réclament les uns des autres des attitudes de respect. Mais on pourrait expliquer cela en faisant appel à des mécanismes biologiques comme la peur de souffrir ou à des mécanismes psychologiques comme la peur d'être rejeté et plus positivement, le besoin d'être accepté. Dans ces mécanismes, il n'est pas utile de faire intervenir autre chose qu'un cerveau influencé plus ou moins fortement par différents éléments de la nature et de la culture. Il reste que nous voulons quand même être des personnes; nous voulons que les autres nous reconnaissent au-delà de notre matérialité et de notre conditionnement culturel. C'est la revendication du statut de personne qui détermine la nécessité de la morale et de la justice. Autrement, il ne s'agirait que de force et de ruse d'une espèce animale tentant d'assurer ses instruments de survie en luttant contre les autres espèces comme tous les animaux le font sur la planète.

Ce qui détermine la valeur de la revendication de ce statut de personne, c'est l'expérience de la réflexivité qui semble garantir la teneur ontologique particulière de la nature humaine. La sorte d'être que l'humain prétend être ne serait pas de la catégorie des animaux ou des minéraux mais de celle des personnes capables de dominer la matière. On ne peut certes pas nier les dimensions déterminées de la nature humaine mais il reste dans l'humain une troisième dimension surnaturelle, en rapport obscur et difficile à conceptualiser avec le naturel que constitue le corps. En effet, malgré que nous ne puissions pas exliquer à quelqu'un comment nous faisons pour faire un mouvement volontaire lorsque nous disons que c'est avec notre volonté que nous agissons, malgré que nous ne puissions pas non plus expliquer comment un mouvement quelconque volontaire commence à un point zéro, malgré cela, nous persistons à défendre notre statut d'initiateur responsable et libre comme devant une évidence indémontrable et incriticable.

Ce qui est un jeu dans cette définition de nous-mêmes, c'est donc non seulement notre image mais également notre statut dans la réalité observable. Il resterait pour un passionné de vérité comme le philosophe à justifier cette prétention pour lui donner une teneur supérieure à la croyance naïve.

Dans les conditions actuelles de la pensée philosophique, il semble que cette question ne puisse être résolue et donc que cela ne vaille pas la peine de s'y intéresser. Mais il est cependant inévitable qu'elle continue à se poser si nous voulons revendiquer des droits qui ont un sens plutôt que de nous satisfaire simplement d'une explication bioculturelle.

La démonstration de notre existence semble dépendre de notre habileté à nous faire accepter et à devenir pour les autres une valeur, peu importe que les autres le fassent librement ou non. Mais en examinant la manière dont nous pouvons expliquer notre dimension naturelle et notre dimension culturelle, nous pouvons peut-être construire une hypothèse plausible montrant que notre réalité comme personne est possible même si nous ne pouvons pas démontrer qu'elle est actualisée dans les faits.

Ce qui explique que l'homme puisse être classé parmi les réalités naturelles, c'est qu'il répond à certains critères qui servent à reconnaître un type de réalité dite naturelle. D'une part, il obéit à des lois physiques, chimiques, biologiques sans le décider. Il est une réalité produite et déterminée par un mode de conditionnement, et c'est cela que nous appelons naturel. D'autre part, il a un langage, des connaissances, des convictions, des habitudes acquises, un mode particulier d'habitation, d'alimentation, de vêtements, etc. Il organise son comportement pour s'adapter et «négocie» sa place et son pouvoir dans le réseau des relations humaines et des structures socio-politiques. En ce sens, il est un être culturel, un être produit par la culture et déterminé par elle, en second degré, par-dessus, si l'on peut dire, de ses déterminations naturelles. Mais il n'y a nulle part dans ces deux catégories de réalité, quelque chose qui puisse expliquer comment il pourrait être plus et autre chose qu'un être naturel et culturel (à supposer, bien sûr, qu'il s'agisse là de deux réalités essentiellement différentes, ce que nous avons déjà critiqué au premier chapitre). Cependant, il y a dans ces deux dimensions tout ce qu'il faut pour inventer une possibilité pour la troisième dimension espérée par les hommes: la dimension personnelle.

Il s'agit d'imaginer à quelles conditions on pourrait admettre que la réalité du «moi-même» est rationnellement possible. Le syllogisme que je voudrais proposer ici est modeste et constitue plus un départ pour une réflexion à développer qu'une véritable conclusion. Voici comment on pourrait envisager la plausibilité de notre existence en tant que personne. Si nous parlons de la nature comme d'une réalité à laquelle appartiennent toutes les réalités dites naturelles, et si nous parlons de la culture comme d'une réalité à laquelle appartiennent toutes les réalités dites culturelles (que celles-ci soient ou non réductibles à la catégorie naturelle ne change pas le problème ici), alors, parlons d'une réalité personnelle à laquelle appartiendront toutes les réalités dites personnelles.

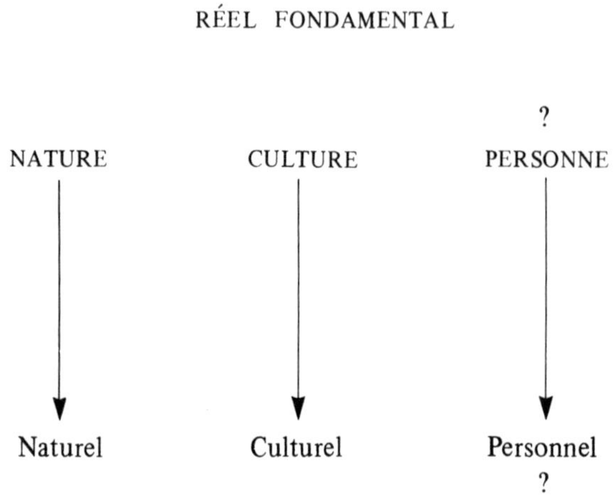

FIGURE 3

Cette troisième réalité ne pourrait pas être le résultat, théoriquement, des deux autres, comme la culture a pu être un sous-produit de la nature. En effet, s'il s'agit d'une personne, il faut que cette réalité soit libre et consciente, puisque c'est ce que nous voulons dire par «personnel», opposé à culturel et à naturel. Or, en tant que réalité libre, elle ne peut être le produit d'une réalité qui ne peut donner ce qu'elle n'a pas, c'est-à-dire la liberté. Une réalité vivante peut donner la vie, une réalité avec une culture peut transmettre cette culture et ainsi une réalité libre, et seulement celle-là, peut donner la liberté.

Dans la mesure où les humains ne semblent pas être actuellement des être libres capables de décider indépendamment des lois naturelles (et de toutes leurs variantes), les humains pourraient jouir du pouvoir de satisfaire des désirs et de combattre certains déterminismes en utilisant d'autres déterminismes mais ils ne pourraient faire plus. Pour qu'un être biologique conditionné dès son arrivée au monde par des processus dits naturels et conditionné, par la suite, par d'autres processus dits culturels puisse accéder au statut d'être libre, il faudrait qu'il reçoive ce qu'il faut pour cela. Comme pour être vivant, il faut recevoir la vie, et que, pour être cultivé, il faut recevoir une culture (pensons, par exemple, au langage), ainsi, pour être une personne (réalité qui serait essentiellement, par définition, libre et consciente), il faudrait recevoir cette propriété d'une autre réalité capable de nous fournir cette propriété.

Comme cet être fournisseur serait un être libre qui donne la liberté à partir d'un point d'origine, il ne serait pas lui-même un être qui l'a reçue mais qui la possède par la nature des choses. Il pourrait décider de fournir ou de ne pas fournir cette propriété à un moment ou à un autre de l'existence d'une réalité quelconque. On pourrait ainsi supposer que des êtres, quelque part dans l'univers, ont un statut du même niveau ontologique que le nôtre et que, quelle que soit leur apparence, ils sont des «personnes». On pourrait de même supposer que notre vie peut s'écouler heureuse et paisible mais sans que nous ne soyons jamais autre chose ou plus que les êtres biologiques chanceux et capables de contrôler leur environnement mais non pas métaphysiquement libres et responsables. Si quelqu'un pensait que cela permettrait d'éliminer certains humains, sous prétexte que ce ne sont pas des personnes ayant des droits et une moralité, on pourrait utiliser à son sujet l'argumentation du déterminisme et examiner si son jugement est le résultat d'un mauvais fonctionnement de sa machine biologique; si tel était le cas, on pourrait le «réparer» pour le bien de l'espèce humaine (par la rééducation, la punition, l'exil, etc.). C'est d'ailleurs ce que l'on fait régulièrement.

Comment pourrait-on savoir si quelqu'un est libre? Je pense qu'on ne le pourrait pas sauf peut-être la personne libre elle-même puisque notre mode de fonctionnement pour comprendre les choses exige que nous trouvions une cause et une relation entre les faits et les événements. Un être libre prétendrait échapper à ce lien, ce que nous ne pouvons rationnellement admettre sauf en y croyant par un acte de foi plus ou moins justifié.

Il est évidemment aussi difficile de définir cette Réalité absolue qui nous fournirait le statut de personne qu'il l'est de définir la Vie, la Nature et la Culture. Mais ce qui change, c'est le fardeau de la preuve. En effet, si on admet qu'un être déterminé ne peut se donner librement la liberté à lui-même, il faut admettre qu'un humain ne peut que la recevoir. Cette liberté reçue ne sera pas une liberté absolue mais seconde et moins radicale que celle qui est détenue par la Réalité originaire donatrice de liberté. Si on voulait prouver l'existence de cette réalité absolue, que certains appelleraient Dieu, il faudrait simplement prouver notre propre existence comme personne libre. Ni la nature ni la culture ne pouvant nous fournir la liberté, étant donné que rien ni dans l'une, ni dans l'autre n'est de la liberté, il faut que ce soit une autre réalité. Or si nous avons le don, c'est que le donateur est réel, et avoir ce don pour un humain, c'est avoir le statut de personne libre, c'est être vraiment (et pas seulement le croire) une personne libre. En démontrant notre existence nous aurions donc prouvé l'existence de Dieu ou d'un dieu ou bien prouvé que nous sommes nous-mêmes dans la catégorie des dieux libres échappant aux déterminismes de l'univers! Si René existe, Dieu existe, ou bien... c'est lui...!

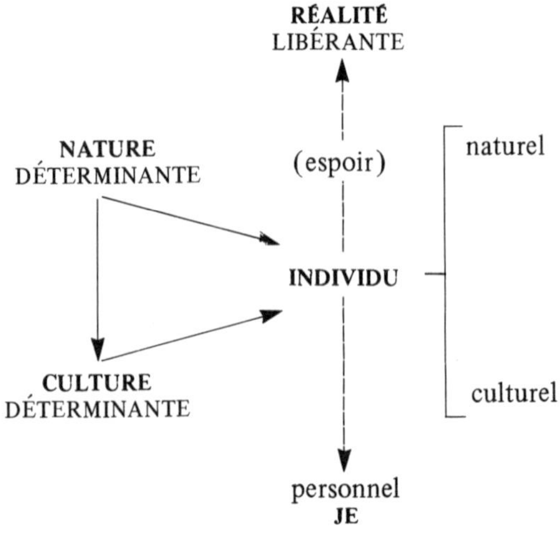

FIGURE 4

Conclusion étonnante, et, je le concède, un peu théâtrale. Mais à bien y penser, n'est-ce pas la prétention des hommes qui se disent responsables de leur destin, même quotidien, et qui prétendent démontrer la culpabilité sans excuse et sans alibi des autres hommes qui agiraient et pourraient agir, sans l'intervention des mécanismes et des lois de l'univers?

L'avantage du déterminisme me semble être du côté d'un besoin humain universel: l'harmonie des relations humaines. En effet, si tous les humains ne font que répondre à des mécanismes sociologiques, psychologiques et biochimiques, alors on ne peut accuser personne et on peut aider tout le monde, à la satisfaction de tout le monde. Qui aurait voulu, en pleine possession de sa conscience, de son intelligence et de sa responsabilité, devenir un criminel, un assassin, un violent, un pervers, un imbécile, un paresseux? Personne me semble-t-il. On ne veut devenir fou que parce que la folie s'est déjà emparée de nous. Il reste à conclure que les vices et les erreurs des hommes sont des particularités de leur déterminisme (incluant leur ignorance, leur orgueil, leur erreurs de jugement) et que c'est avec la connaissance de ces déterminismes qu'on peut intervenir efficacement (c'est ce que pensait aussi Jacques Monod en proposant l'éthique de la connaissance pour l'instauration d'un socialisme juste).

Dans la mesure où l'on n'a pas besoin du statut de personne libre pour augmenter notre bonheur et celui des autres, mais surtout d'une compréhension plus précise et plus complète des humains, il faudrait peut-être réserver le terme de liberté à des expériences strictement internes qui n'ont pas de rapport avec la recherche de la satisfaction psychobiologique qui devrait relever des sciences humaines.

BIBLIOGRAPHIE

ALLAND, Alexander. *La dimension humaine* (Réponse à K. Lorenz). Paris, Le Seuil, 1974.

ARDREY, Robert. *Et la chasse créa l'Homme.* Paris, Stock, 1977.

ARENDT, Hannah. *La crise de la culture.* Paris, Gallimard, 1972.

AYER, Alfred Jules. *Logical Positivism.* New York, The Free Press, 1959.

BACHELARD, Gaston. *La philosophie du non.* Paris, P.U.F., 1970.

BARTHES, Roland. *Mythologies.* Paris, Seuil, 1957.

BARUCH, A. et BRODY, B. *Readings in Philosophy of Science.* N.J., Prentice Hall, 1970.

BAUDRILLARD, Jean. *De la séduction* (L'horizon sacré des apparences). Paris, Denoël/Gonthier, 1979.

BENOIST, J. M. *La révolution structurale.* Paris, Gonthier, 1980.

BOUVERESSE, Renée. *Karl Popper ou le rationalisme critique.* Paris, Vrin, 1978.

CAPRA, Fitjof. *The Turning Point.* Toronto, Bantam Books, 1983.

CARNAP, Rodolf. *The Logical Structrure of the World.* Berkeley, California University Press, 1969.

CASSIRER, Ernst. *Essai sur l'homme.* Paris, Minuit, 1975.

CHÂTELET, François. *Histoire de la philosophie* (Idées et Doctrines) *Le XXe siècle.* Paris, Hachette, 1973.

CHRISTEN, Yves. *L'heure de la sociobiologie.* Paris, Albin-Michel, 1979.

COHEN, Morris. *Reason and Nature* (An essay on the meaning of science). New York, Dover Publication, 1931.

COLLABORATION. *La matière d'aujourd'hui*. Paris, Seuil, 1981.

COLLABORATION. *Penser les mathématiques*. Paris, Seuil, 1982.

CROZIER, M. et STRIEDBERG, F. *L'acteur et le système*. Paris, Seuil, 1977.

DAVIDSON, Donald. *Actions and Events*. Oxford, Clarendon Press, 1980.

DESCARTES, René. *Œuvres Philosophiques*. Paris, Garnier, 1963, 3 volumes.

DORST, Jean. *La nature dénaturée*. Paris, Seuil, 1965.

DOSTOÏEVSKI, Feodor. *Le sous-sol*. Paris, Livre de Poche, 1969.

EIBL-EIBESFELDT, I. *Guerre ou paix dans l'homme*. Paris, Stock, 1976.

FEIGL, H. et SELLARS, W. *Readings in the Philosophy of Science*. New York, Appleton Century Crofts, 1953.

FEIGL, H. et SELLARS, W. *Readings in Philosophical Analysis*. New York, Apppleton Century Crofts, 1949.

FEYERABEND, Paul. *Contre la méthode*. Paris, Seuil, 1979.

FOUCAULT, Michel. *Les mots et les choses*. Paris, Gallimard,1966.

FOUCAULT, Michel. *Surveiller et punir* (Naissance des prisons). Paris, Gallimard, 1975.

FREUD, Sigmund. *Totem et Tabou*. Paris, Payot, 1965.

FREUD, Sigmund. *Malaise dans la civilisation*. Paris, P.U.F., 1971.

FROMM, Eric. *Le cœur de l'homme*. Paris, Payot, 1979.

GAMOW, George. *One Two Three... Infinity*. New York, BantamBooks, 1961.

GORZ, André. *Adieux au prolétariat*. Paris, Seuil, 1980.

GOULD, Sephen J. *La mal-mesure de l'homme*. Paris, Ramsay,1983.

HACKING, Ian. *Scientific Revolutions*. Oxford, Oxford University Press, 1981.

HALL, Edouard. *La dimension cachée*. Paris, Seuil, 1971.

HEISENBERG, Werner. *La nature dans la physique contemporaine*. Paris, Gallimard, 1962.

HOFFMANN, Banesh. *Einstein, créateur et rebelle*. Paris, Seuil, 1975.

HOLTON, Gérald. *L'imagination scientifique*. Paris, Gallimard, 1981.

HUME, David. *Traité de la nature humaine*. Paris, Aubier/ Montaigne, 1968.

JACOB, Pierre. *L'empirisme logique*. Paris, Minuit, 1980.

JACOB, Pierre. *De Vienne à Cambridge* (L'héritage du positivisme). Paris, Gallimard, 1980.

JACQUARD, Albert. *Éloge de la différence*. Paris, Seuil, 1978.

KATZ, Jerrold. *La philosophie du langage*. Paris, Payot, 1971.

KOYRE, Alexandre. *Du monde clos à l'univers infini*. Paris, Gallimard, 1973.

KUHN, Thomas. *La structure des révolutions scientifiques*. Paris, Flammarion, 1983.

LABORIT, Henri. *La nouvelle grille*. Paris, Laffont, 1974.

LABORIT, Henri. *L'agressivité détournée*. Paris, Union générale d'édition, 1970.

LAKATOS, Imre. *Criticism and the Growth of Knowledge*. Cambridge, Cambridge University Press, 1970.

LANE, Gilles. *Si les marionnettes pouvaient choisir*. Montréal, Hexagone, 1983.

LANE, Gilles. *L'urgence du présent*. Montréal, P.U.Q., 1973.

LEHRER, Keith. *Freedom and Determinism*. N.J., Humanities Press, 1966.

LEVI-STRAUSS, Claude. *Race et histoire*. Paris, Gonthier, 1961.

LEVI-STRAUSS, Claude. *L'homme nu* (Mythologiques T.4). Paris, Plon,1971.

LORENZ, Konrad. *L'agression*. Paris, Flammarion, 1969.

LYOTARD, J.F. *La condition post-moderne*. Paris, Minuit, 1979.

MALHERBE, J.F. *Épistémologies anglo-saxonnes*. Paris, P.U.F., 1982.

MARCH, Arthur. *La physique moderne et ses théories*. Paris, Gallimard, 1965.

MASLOW, Abraham Arold. *The Farther Reaches of Human Nature*. Harmondworth, Penguin Books, 1976.

MONOD, Jacques. *Le hasard et la nécessité*. Paris, Seuil, 1970.

MORIN, Edgar. *La méthode 1: La nature de la nature* . Paris, Seuil, 1977.

MORIN, Edgar. *Le paradigme perdu: La nature humaine*. Paris, Seuil, 1973.

NOZICK, Robert. *Philosophical Explanations*. Harvard, Belknap Press, 1981.

PACKARD, Vance. *La persuasion clandestine*. Paris, Calmann Levy, 1958.

PELLERIN, René. *Théories et pratiques de la désaliénation*. Montréal, Hexagone, 1983.

PIAGET, Jean. *Épistémologie et sciences de l'homme*. Paris, Gallimard, 1970.

POPPER, Karl R. *La société ouverte et ses ennemis*. Paris,Seuil, 1979.

POPPER, Karl R. *Conjectures and Refutations*. New York, Harper and Row, 1965.

POPPER, Karl R. *Postscript T.1 – Realism and the Aim of Science*. Totowa, Rowman and Allandheld, 1983.

POPPER, Karl R. *L'univers irrésolu*, (*Postscript T.II*) – (Plaidoyer pour l'indéterminisme). Paris, Herman, 1984.

QUINE, W. van O. *Le mot et la chose*. Paris, Flammarion, 1978.

RORTY, Richard. *Philosophy and the Mirror of Nature*. N.J., Princeton University Press, 1980.

ROSEN, Stanley. *The Limits of Analysis*. New Haven, Yale University Press, 1985.

ROSSET, Clément. *L'anti-nature*. Paris, P.U.F., 1973.

RUSSELL, Bertrand. *Problèmes de philosophie*. Paris, Payot, 1968.

RYLE, Gilbert. *La notion d'esprit*. Paris, Payot, 1978.

SAGAN, Carl. *Cosmic Connection*. Paris, Seuil, 1975.

SCHAFF, Adam. *Introduction à la sémantique*. Paris, Anthropos, 1960.

SKINNER, B.F. *Par delà la liberté et la dignité*. Paris, Laffont, 1971.

STRAWSON, P.F. *Les individus*. Paris, Seuil, 1978.

SZASZ, Thomas. *Le mythe de la maladie mentale*. Paris, Payot, 1974.

WEBER, Max. *Essai sur la théorie de la science*. Paris, Plon, 1965.

WEINBERG, Steven. *Les trois premières minutes de l'univers*. Paris, Seuil, 1978.

WEYL, Herman. *Philosophy of Mathematics and Natural Sciences.* New York, Atheneum, 1963.

WILSON, Ed. Os. *L'humaine nature.* Paris, Stock, 1979.

WILSON, Ed. Os. *Sociobiology.* Cambridge, Belknap Press, 1975.

WITTGENSTEIN, Ludwig. *De la certitude.* Paris, Gallimard, 1976.

WITTGENSTEIN, Ludwig. *Remarques philosophiques.* Paris, Gallimard, 1984.

WITTGENSTEIN, Ludwig. *Investigation philosophiques.* Paris, Gallimard, Collection Tel, 1978.

Achevé d'imprimer
en janvier 1988 sur les presses
des Ateliers Graphiques Marc Veilleux Inc.
Cap-Saint-Ignace, Qué.

DIFFUSEURS EUROPÉENS

La S.A. Vander
Avenue des Volontaires, 321
B 1150 Bruxelles
BELGIQUE

Transat
19, route des Jeunes
1227 Carouge (Genève)
SUISSE

Les Belles Lettres
95, boulevard Raspail
75005 Paris
FRANCE